動物史記
聽海參爺爺説故事
——陸含英 著

序　動物王國的奇幻漫遊

不知大家有沒有看過一個有趣的童話，叫《愛麗絲夢遊仙境》。

在故事中，小女孩愛麗絲不喜歡上課，就去外面玩，結果她碰到了一隻戴著懷錶的兔子，兔子先生把她帶到了一個美麗的仙境中，然後愛麗絲就有了一段神奇的遭遇。

請大家注意：當你們翻到這本書的時候，也即將展開一段漫遊之旅，只不過兔子先生變成了海參爺爺，而牠要帶領你們遊覽的，則是你們既熟悉又陌生的動物世界。

說到動物，我相信大家一定都很喜歡，很多人都愛養一些小貓小狗，因為牠們毛茸茸的，很可愛。

在鄉村，我們還會看到雞、鴨、鵝和牛、羊、豬等家禽家畜，所以說，人類的身邊一直都不缺動物，牠們可是我們的好朋友呢！

不過，我們平常看到的動物種類很少，為了接觸到更多的動物，很多人都會去動物園，那裡有憨態可掬的熊貓、威風凜凜的老虎獅子、頑皮活潑的猴子，還有需要抬頭才能看到的長頸鹿，真是有意思極了！

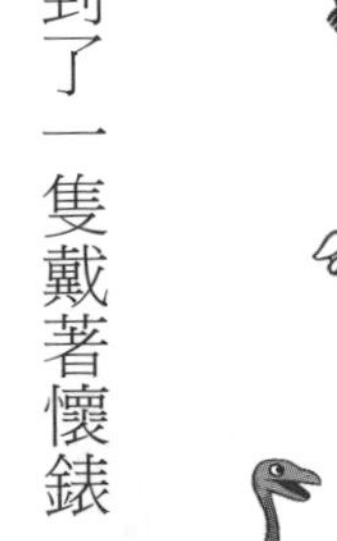

這些動物我們從小就在電視裡見過，可是卻沒有真正地接近過，我猜很多小朋友都會在心底有十萬個為什麼：為什麼獅子是森林之王？為什麼長頸鹿的脖子那麼長？為什麼猴子和人很像……

要知道，動物的種類比我們人類多多了，牠們就像一個個未解之謎，等待我們去發掘、去研究。

你們知道嗎？其實啊，動物和人一樣，也有大家庭，牠們也會一代一代地繁衍和發展。但是，在幾億年前出現的動物祖先，和現在我們所看到的動物完全不一樣哦！那個時候，連人都沒有出現，動物們卻已經在地球上走來走去了，牠們有著龐大的身軀，最大的比幾十個人加在一起還要大呢！最早的動物在海洋裡，牠們不懈努力，從海洋走上陸地，並進化出了各種動物，其中就包括人類的祖先。

在這本書中，就講述了動物們的奇妙歷史，有很多的古生物是大家從來沒有聽說過的，可不止恐龍一種哦！說了這麼多，大家想瞭解動物王國裡有趣的事情嗎？那就快請出海參爺爺給大家講故事吧！

前言　海參爺爺有話說

大家好！我是動物王國的史官，我叫海參爺爺。

我先來跟大家解釋一下，什麼叫史官。

我的這個官職是用來記錄歷史的，因為動物王國是一個龐大的國家，裡面有很多動物成員，牠們的長輩、子孫的事情我都得一筆一畫詳細地記載下來。

我不是王國中唯一的官哦，其實我只是個九品芝麻官啦，在我的上頭，還有很多官比我大好多呢！牠們有的是騎士，有的是將軍，有的是巫師，各個都很威風。

盾皮魚是海洋裡的騎士，獅子魚是世界上最神秘的臥底，燈塔水母是能夠長生不死的巫師，軍艦鳥是大名鼎鼎的空軍司令，壁虎是輕功高手，金箭毒蛙是最致命的化學專家……

有人會問，你們王國武將怎麼那麼多呀？

這就要問國王了，誰讓我們的國王喜歡用武力解決問題呢，所以牠偏愛武將，像我這樣的文官在王國裡是很少的。

說到國王，那可不得了，牠們每一個都是大塊頭，而且打起架來非常兇。

鸚鵡螺是最古老的國王，奇蝦在五．三億年前是海洋中的「巨無霸」，麗齒獸橫行於二疊紀，棘龍是最大的食肉恐龍，古蜥鯨是冰河時代之後的地球霸主……

不過牠們對我還是比較客氣的，誰讓我是王國裡資格最老的老人呢，哈哈，年紀大還是有好處的。

除了國王和官員，王國裡還有一群大名鼎鼎的動物，牠們就是一出生就帶著榮譽的貴族，不僅不需要勞動，還能享受到其他動物的尊敬。

為什麼牠們有這麼好的待遇？

那還不是因為牠們的祖先是歷史上重量級的動物！

甲蟲成了地球上第一大家族，大鯢是兩棲動物中的頭牌明星，似鳥龍預示著鳥類的到來，始盜龍開啟了恐龍時代，眼鏡猴是人類的老祖宗……

這些祖先很厲害哦！牠們最早是海洋裡的無脊椎動物，後來牠們慢慢長出了脊椎，爬上了岸，從兩棲動物成長為爬行動物，再到如今的哺乳動物，一步步走過來，

很辛苦，也很不容易，值得我們所有動物尊敬。

不過多虧了那些祖先，牠們的後代才能過上如今的好生活，借用人類的一句話，真是前人栽樹，後人乘涼啊！

其實，我最敬佩的，並不是這些有名氣、有地位的動物，而是我們王國裡的平民。為什麼我要這麼說呢？

因為如果沒有這些辛勤勞作的平民，魚兒們會沒有房子，鳥媽媽會沒有棲息地，很多動物會沒有食物，動物王國絕對不可能發展成如今的樣子。是層孔蟲讓海洋母親有了避風港，是珊瑚蟲幫魚類造房子，是蜜蜂和蝴蝶讓地球開滿了鮮花……

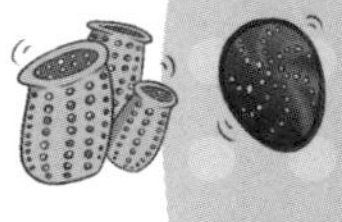

所以，平民們才是最該受到表揚的動物。

接下來，我就給大家講述動物王國裡國王、官員、貴族和平民的有趣故事，大家不要走開哦！

目次

第二章　有本事才能做官

第三章　沒有好家世可當不了貴族

第四章 平民的辛苦有誰知

第一章

誰才是真正的國王？

1

鸚鵡螺——地球上最古老的霸王

說到肉食性動物，大家會想到什麼呢？

老虎？獅子？

其實啊，你們所想到的動物都不是最厲害的，我要是說一些出來，保證嚇死你們！

第一個先說說我在海裡的老鄰居——鸚鵡螺吧！

鸚鵡螺比我們海參出現的時間要晚一些，但牠們的歷史也不短了，足足有五億年呢！更厲害的是，牠們躲過了二疊紀、三疊紀、白堊紀和冰河時代的生物大滅絕厄運，至今仍有一些生活在南太平洋，堪稱海洋生物的活化石。

牠為什麼叫「鸚鵡螺」？

大家可以看看鸚鵡螺的貝殼，尖尖的那一頭是不是很像鸚鵡的嘴巴？而跟「嘴巴」相連的部分，上面的花紋像不像鸚鵡的脖子？所以人們才給了牠這個稱呼。

牠是誰的祖先？

和我們海參一樣，鸚鵡螺屬於無脊椎動物，雖然牠平時都住在螺旋形的貝殼裡，但牠卻是章魚、烏賊等軟體動物的祖先哦！

牠的腕最多達到了九十四只，大腦、神經系統也很發達，接近於脊椎動物的程度。牠的貝殼房子很有意思，有三十六個腔室，最外層那個是牠的住房，其餘的腔室有薄膜隔開，被稱為「氣室」，裡面充滿空氣，可以用來控制沉浮的方向。

牠有多兇？

在奧陶紀時期，也就是距今五億年前，鸚鵡螺能夠長到十一公尺，那時牠在海洋中簡直是打遍天下無敵手，個頭巨大的三葉蟲、海蠍子都是牠的食物。

不過，如今牠演變成不超過二十公分的小個子了，平時也就吃吃小魚小蝦，一下子從一個霸王變成了優雅的紳士。

牠有啥愛好？

鸚鵡螺是個「夜貓子」，唉，所以我總是遇不到牠。牠還喜歡藏在一百公尺深的海底，每天吃完飯後，就用分泌有黏稠液體的足腕在礁石或珊瑚上悠閒地散步。

一到晚上，風平浪靜的時候，牠就成群結隊地來到了海面上，伸著大大的懶腰，聽著人魚姑娘的歌聲，舒舒服服地跟著哼唱起來。

牠有多重要？

作為見證地球歷史的元老，鸚鵡螺具有科學研究價值。另外，牠美麗的外殼讓人類趨之若鶩，被做成了各種工藝品，人類還模仿牠創造出各種繪畫和建築，所以牠被稱為中國「四大名螺」之一。

除此之外，人類還根據鸚鵡螺的排水上浮、吸水下沉原理製造出了潛水艇，世界上的第一艘核潛艇就是模仿鸚鵡螺誕生的哦！它的名字也叫「鸚鵡螺」呢！

鸚鵡螺與月亮

科學家發現，鸚鵡螺外殼上的橫紋在不同時期數目是不一樣的，最初是二十六條，後來依次變成了二十二條、十八條、十五條、九條。

根據這些條紋，科學家推斷出四億年前，月亮和地球之間的距離僅為現在的四十三%，鸚鵡螺因此證明月亮正逐漸離我們遠去。

2 奇蝦——別嫌牠醜，牠可厲害了！

我們海參是長得不好看，所以一直以來我們都挺自卑的，好在六千萬年後，有一個海上霸王出現了。雖然牠很兇，可是我們都很高興，因為再也沒有誰會說我們醜啦！

牠就是奇蝦。

你可千萬別以為奇蝦很醜，就很好欺負唷！

牠們在五．三億年前可謂是海洋中的「巨無霸」，處在食物鏈的頂端，打遍天下無敵手。

牠有多重要？

奇蝦的模樣很奇特，牠的軀幹像被壓扁了的海參，身體兩旁有至少十一對柔軟的附肢，嘴巴也是扁扁圓圓的，有個孔洞，活似吃進了一個水母。

更加令我們發笑的是，牠還有一對凸在腦袋兩旁乒乓球大小的眼睛，像外星人似的，頭上還長著兩根長長的觸手，彷彿有兩隻蝦黏在牠的頭部一樣，哎，其實長成這樣，牠也挺難過的。

牠有多兇悍？

由於總被別人取笑，奇蝦先生很生氣，終於化悲憤為怒氣，見到誰就攻擊誰，雖然牠的個頭只有兩公尺多，可牠說了，濃縮的都是精華，牠要讓所有動物看看牠的厲害！

在牠嘴裡有四個大牙板、三十二個小牙板，牙齒密密麻麻的，看起來好嚇人！雖然牠在吃東西時，牙板間並不能接觸到一起，但力量也很驚人，那時候經常有三葉蟲先生在被咬後向我的老祖宗哭訴，還把身上的「W」形咬痕展示給我的老祖宗看。

牠是蝦嗎？

奇蝦名為蝦，其實跟蝦沒有一點關係啦！那人們為什麼還要叫牠「奇蝦」呢？因為啊，一九八一年，英國有一位教授發現了奇蝦的化石，確切地說應該是觸手化石，奇蝦的觸手很像蝦，人類就以為奇蝦也是蝦了。

不過，奇蝦是節肢動物的祖先，所以也是蝦的祖先，要不是牠長得太醜，我看愛慕虛榮的蝦先生肯定會攀奇蝦先生這門親戚的。

牠有什麼優勢？

在寒武紀時代，奇蝦的嘴巴直徑達到了二十五公分，要知道，當時的大多數動物個頭只有幾公分大啊！

另外，奇蝦是唯一一個能跟蜻蜓比視力的高手，牠的那雙銅鈴大眼由一萬六千個單眼組成。所以，三葉蟲遇上奇蝦肯定吃虧，因為前者的那雙可憐眼睛只能區分白天和黑夜。

牠有什麼絕活？

奇蝦長著那麼大的觸手，是有巨大用處的。

最開始，牠只會用觸手去抓獵物，後來牠發現這樣做太辛苦了，就讓自己的觸手長出了很多倒刺，當倒刺鋪開來時，就成了一張網，能輕鬆地網住獵物了。

3 海蠍子——做夢也沒想到會走上陸地

大家都知道，我們動物最早生活在海裡，後來才慢慢爬上了陸地。

那誰是第一個征服陸地的動物呢？

牠呀，也是曾經的一代國王，而且很有開拓精神，連腿還沒長好就拚命往岸上走，所以牠很急躁哦，不要惹毛牠，小心牠給你一鉗子！

牠就是海蠍子，生活在四點六億年前的海上霸王，也是最早登上陸地的節肢動物。

牠是一隻蠍子？

海蠍子名字裡有「蠍子」，說明牠長得和如今的蠍子有些相似。

首先，在牠的頭部，長有一對巨大的鉗子。其次，牠的身體十分扁平，和蠍子差不多。

除此之外，牠和蠍子就不一樣了。

牠的體型比蠍子大好多，一般在一～二公尺長，最大的能達到二．五九公尺長。

牠的兩隻眼睛也圓滾滾的，像外星人的眼球。牠有八條腿，最後兩條腿像兩隻扁平的船槳，只能用來划水，所以牠是用六條腿走路的。

牠的尾巴比身體細多了，而且沒有蠍子的毒刺，不能用來攻擊哦！

牠的食物有哪些？

在海蠍子生活的年代，海洋裡的生物一般都沒有牠大，所以牠仗著個子大，總是欺負弱小動物。

牠扁扁的身體有利於牠在海底打埋伏，經常靜靜地趴在淺水區，等著小魚、三葉蟲和泥沙中的其他小動物送上門。

有時候，牠居然連同類也不放過，看到有個頭比自己小的兄弟姐妹就撲過去，真讓我震驚。

牠的武器有哪些？

海蠍子全身都披著一層厚厚的盔甲，別的動物的牙齒不鋒利，是咬不動的哦！

牠頭上的那對大鉗子也是個極其厲害的武器，足足有四十六公分長，能毫不費力地將魚殺死，所以大家看見牠，都會一溜煙地逃開。

牠有沒有天敵？

海蠍子這麼厲害，除了牠的同類，就沒有敵人了嗎？的確如此，在牠生活的一千萬年裡，由於其他動物都沒牠兇沒牠大，所以牠一直都很威風。

由於很得意，海蠍子還喜歡裝好人，牠經常對魚類的祖先說：「如果我不吃你，你就不會游得更快、變得更強，所以你要感謝我啊！」

魚還真的乖乖聽話了，本來沒有下巴的牠們後來長出了下巴，可以更方便地吃東西了，看來海蠍子還算做了一件好事。

牠為什麼要上岸？

海蠍子基本上都住在水裡，而且牠的腿很細，無法承受牠那笨重的身軀，所以牠在岸上的時候會爬得非常慢。那為什麼，牠還是要上岸呢？

原來，海蠍子發現，儘管自己很厲害，可牠的小寶寶卻非常弱小，為了保護孩子，牠就來到岸邊，努力地讓自己走上陸地。

真不愧是國王，牠竟然做到了，成為了世界上第一個上岸的動物！

後來，海蠍子發現自己也該在陸地上蛻殼，牠身上的盔甲雖然堅硬，卻妨礙了牠長個子，於是牠必須隔一段時間脫下盔甲，換一身新裝。

但是脫下盔甲的牠身體非常柔軟，牠很怕遇到危險，就時常和幾十個兄弟姐妹一起在岸上蛻殼，以此來互相保護，真沒想到海蠍子也有害怕的時候啊！

4 麗齒獸——橫行於二疊紀的「野狼」

聽說人類在野外很害怕遇到狼，雖然狼的個頭沒有老虎、獅子大，但牠們喜歡打團體戰，而且非常兇狠，即使是很多大型動物，也不敢小看狼群。

在二．五億年前的二疊紀，一種類似於哺乳動物的爬行動物出現了，牠們就是麗齒獸。

雖然牠們的體型不大，跟如今的狗差不多，但是當時的動物們可不敢惹牠們，因為牠們有個可怕的外號，叫「二疊紀的野狼」。

牠有多強悍？

說起烏龜，大家都見過吧？烏龜披著一層厚厚的鎧甲，即便是兇猛的老虎，也難以下口啊！

可是，麗齒獸不怕，他們就喜歡吃烏龜的祖先——斯龍。

要知道，斯龍雖然沒有殼，可牠身上也有一層非常堅韌的裝甲皮層呢！換成別的動物，可是沒辦法輕易撕開的喔！

麗齒獸卻沒有這個擔心，因為牠們鋒利的獠牙能撕開一切皮肉，而且更要命的是，那牙齒是雙層的！你們說恐怖不恐怖？

牠是什麼模樣？

麗齒獸給人的第一印象就是「長」。

沒錯，牠身體很長，從鼻子到尾巴，最長的可以達到五公尺，像一頭小犀牛。

令人過目不忘的是牠的腦袋，這傢伙的頭顱也太長了，我都不知道牠為什麼要長成這樣，是為了吃東西時多嚼一會嗎？

好玩的是，牠們的頭骨好像植物一樣，會隨著時間的推移越來越長，最後長到了驚人的四十五公分。當然，頭這麼長，嘴巴就很大了，尖牙也會變多，我們海參真慶幸牠沒有生活在海裡。

牠有什麼喜好？

麗齒獸生活在沙漠裡，可牠們的獵物卻活躍在草地上，所以每次出去打獵都像一場遠征一樣，鬧得轟轟烈烈的，好不風光。

麗齒獸喜歡探討捕獵的技巧和方法，讓牠們最開心的事情，莫過於很快遇到一頭斯龍，然後大家一哄而上，三下五除二地把對方解決掉，這樣牠們就能早點「下班」了！

動物們的祖先

地球上最早出現的動物是無脊椎動物，牠們不像脊椎動物那樣有一根脊柱支撐住全身，像海參、貝類、蝦等，都屬於這一類型。無脊椎動物比脊椎動物至少早出現一億年，而且最先生活在海裡，牠們是所有動物的祖先。

後來，陸地上出現了用孵卵繁殖的爬行動物，牠們走上了陸地，並且進化出了魚類、鳥類和哺乳類動物，所以牠們是陸地動物的祖先。

5

狂齒鱷——連霸王龍都害怕的動物

常聽人類感慨：這世界變化得太快！

其實，我想說，動物世界的變化也是飛快的，有時我都不敢相信自己的眼睛。

在二億多年前，有一隻「小可憐」來到了這個世界，牠身體不超過一公尺，因此很容易成為很多巨型食肉動物的食物。

剛開始，我們對這個小不點還是挺同情的，沒想到牠有著狂熱的野心，想統治世界！

於是，牠的身體隨著欲望越長越大，最後身體達到了十二英尺，並且一統淡水世界，連霸王龍都要讓牠三分，牠就是狂齒鱷。

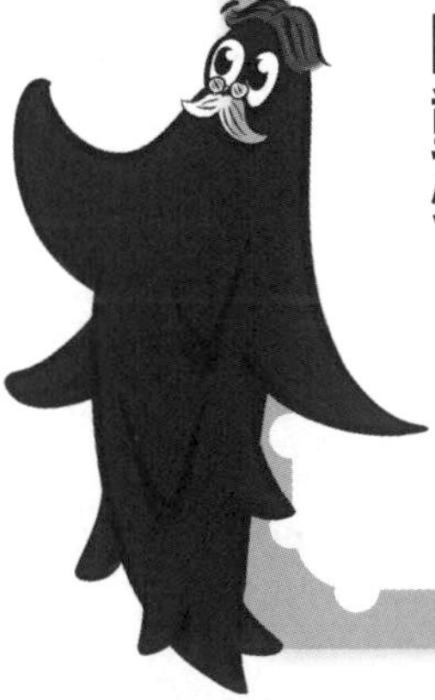

牠的可怕之處在哪裡？

狂齒鱷，一聽這名字就夠嚇人的，可見牠的牙齒有多厲害！

牠的嘴巴非常長，身上還掛著骨質甲片，非常硬，由於牠的腿很短，所以走路時基本上是貼著地面在行動，遠遠望去，猶如一輛裝甲坦克在逼近，讓很多小動物聞風喪膽。

別看牠長得矮，速度可不慢呢！小動物們要是跑得慢一點，就遭了殃，就算是食肉類的動物，也不敢與牠當面較量。

此外，牠最厲害的，當然還是牙齒，狂齒鱷的牙齒尖尖的，像一把鋒利的鋸子，而且牠能咬碎動物的骨頭，比如今的鱷魚還要厲害，而鱷魚是科學家公認的撕咬最有殺傷力的動物！

牠的兄弟有哪些？

狂齒鱷不是獨生子，牠有很多兄弟，牠的哥哥劍鼻鱷體長有八公尺，同樣兇狠無比，而牠的弟弟金卡納鱷則非常強壯，可以長時間地追逐獵物，得手後又可瞬間將對方置於死地。

狂齒鱷還有一些兄弟不想住在河湖裡，於是牠們浩浩蕩蕩地搬進了海洋，牠們便是狹蜥鱷和真蜥鱷。

後來，為了適應海洋的生活，牠們脫掉了身上的盔甲，讓四肢的尾巴進化成魚鰭一樣的形狀，所以牠們游得更快了，也更加方便捕食。

牠為何會消失？

在新生代中新世後，地球變得很乾燥，昔日遍佈全球的雨林逐漸成了草原，很多陸地動物為了適應殘酷的環境，也開始改變了自己的習性。

可是，狂齒鱷沒有改變，牠還在等待自己的獵物，牠等啊等啊，發現自己一慣愛吃的動物不見了！牠太固執了，就沒有想過要給自己換換口味，最後竟然活活地把自己給餓死了！

從生物大滅絕中走出的活化石

在二億年前的三疊紀末期，地球發生了一次生物大滅絕事件，像奇蝦等很多動物都消失了，可是鱷魚卻堅強地活了下來。

又過了一億多年，白堊紀的生物大滅絕厄運再度降臨，當時包括恐龍在內的絕大多數動物從此滅亡，可是鱷魚和很少的一些哺乳動物依然活著。

再往後，牠度過了寒冷的冰河時期，一直生活到了現代，雖然牠很兇，但牠身上的那股頑強精神卻值得我們學習！

6 魚龍——三疊紀時期的海上皇帝

在二・五億年前，海洋裡出現了一種大型食肉動物，牠們可不是鱷魚哦！事實上，正是有牠們在，鱷魚才吃盡了苦頭，一點都威風不起來。

牠們就是魚龍。

雖然名字中有「魚」，牠們卻跟魚一點關係也沒有，魚龍是由重回海洋的爬行動物演化而來的。在距今二億至一・五億年前的侏羅紀時代稱霸海洋，可沒有誰敢動牠們一根毫毛。

為什麼說牠是皇帝？

首先，魚龍有著皇帝一般足夠大的威力，牠的個頭最大可超過二十公尺，體重能超過八十噸，是個龐然大物，我們在牠的眼裡肯定是個小矮人，幸好牠不喜歡吃我們。

其次，牠的尖牙很多，最多竟然能有兩百枚！長著這麼多牙齒的嘴要咬起獵物，光想著就讓我覺得很疼。

好在，牠像皇帝一樣優雅，雖然牠也吃一些大型的脊椎動物，但牠的口味還算專一，無論個頭有多大，最喜歡的獵物還是烏賊，所以魚龍活躍的那些年裡，海洋裡的動物基本上是安全的。

可是烏賊就倒楣了，就算到了今天，烏賊說起老祖宗被魚龍追逐的場面，仍舊害怕得渾身發抖呢！

牠長什麼模樣？

說起魚龍，我的腦海中第一個想到的就是海豚，魚龍由於嘴巴很長，整個腦袋看起來就像個三角形，所以長得和海豚很像。

另外，牠的四肢已經演化成了魚鰭的形狀，尾巴也是垂直的，游動起來像電風扇的葉片一樣，這種模樣使得牠游起泳來速度非常快。

牠稱霸的優勢在哪裡？

牠可以下潛到海底五百公尺的地方，所以烏賊根本逃不掉。牠的游速很快，達到了每小時四十公里，雖然這種速度算不上是最快的，但用來追逐獵物已經足夠了。

更加令人吃驚的是牠的眼睛，直徑竟然有三十公分！要知道，地球上最大的動物——藍鯨的眼球直徑，也不過才十五公分呀！

有了這麼大的眼睛，魚龍的視力就特別好，不僅如此，牠的眼球上還長了一層保護膜，可以起到保護作用。我想如果讓牠上課的話，牠肯定不用擔心自己會得近視眼。最後，牠的聽力也比別的爬行動物要強，如此多的優點都聚集在牠的身上，彷彿老天也在幫牠稱王稱霸，真讓人羡慕啊！

7 蛇頸龍——原來牠就是尼斯湖水怪

魚龍當了七千年的皇帝後，突然有個長相怪異的傢伙出現了，牠逼著魚龍退位，還威脅對方說，如果不退位，就要大開殺戒。

魚龍年紀大了，沒有辦法，只好點頭答應，於是，那個名叫蛇頸龍的怪獸就統治了海洋世界，而可憐的魚龍悲憤交加，終於在九千萬年前死去了。

蛇頸龍風光了二億多年，卻沒能經受住大自然的考驗，在白堊紀末期滅絕了。

誰知，二〇〇七年，一名男子在英國最大的淡水湖邊散步時，意外拍到了一張怪獸的照片。只見照片中，那個水怪有著像蛇一樣長長的脖子，科學家認為這個動物極有可能是蛇頸龍。

一時間，人們又開始關注起蛇頸龍，希望能找出牠活著的證據，我這個老海參也是非常期待啊！

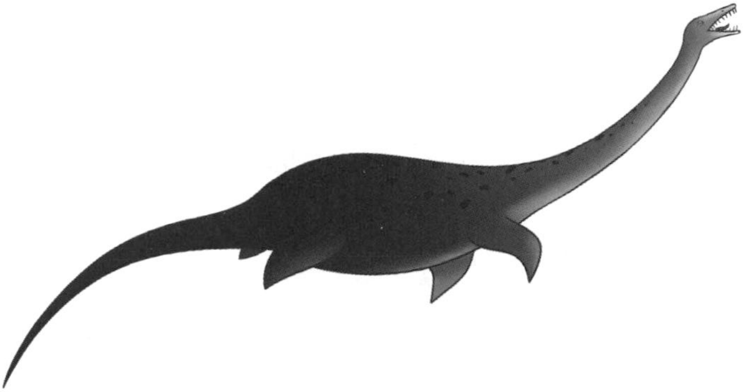

牠的模樣有多怪？

既然被叫做「尼斯湖水怪」，蛇頸龍的模樣肯定非常奇怪。

沒錯，牠就像一條長蛇穿進了烏龜殼裡，牠的脖子特別長，能有一百五十節骨頭，有些蛇頸龍的脖子甚至占了身體的一半長度，要不是在海裡，牠走路時肯定會失去平衡。

牠的個頭很大，能長到十八公尺的長度，成年蛇頸龍的體重有一千公斤，足足是一個成年男子的十四倍！牠的尾巴很短，起不到幫助前進的作用。好在牠除了有長脖子大個子，還有非常靈活的四肢，牠的腳已經演化成了適合划水的鰭腳，所以游泳對於牠來說，根本是小菜一碟。

牠喜歡吃什麼？

儘管蛇頸龍嚴重威脅了魚龍的地位，但牠不會去吃魚龍。牠的食物主要是魚類、魷魚，甚至是一些蛤蜊和螃蟹。

這是為什麼呢？

原來，牠的牙齒太細長單薄，撕起獵物來真是力不從心啊！為了混口飯吃，蛇頸龍只好改變策略，從軟體動物那邊下手，讓自己不至於忍饑挨餓。

牠有什麼癖好？

別看蛇頸龍長得奇怪，牠可是很愛乾淨的，只肯居住在乾淨的水裡，我的祖先曾問過牠原因，牠說水如果很髒的話，會影響食欲，我們海參才沒有那麼挑剔的要求！

牠還喜歡護理自己的脖子。

牠的脖子看上去阻礙了行動，實際上對游泳是非常有利的，因為脖子能幫助牠調整前進的方向，如果脖子受損，蛇頸龍就沒辦法保持自己的優勢了。

後來，牠又新增了一個癖好，就是去海底採摘貝殼。

哎，說起來這也是蛇頸龍的辛酸事啊！在白堊紀末期，滄龍登上了海洋霸主的地位，蛇頸龍的食物總是被滄龍搶走，無可奈何之下，牠只好潛到了海底，去吃不被仇敵放在眼裡的軟體動物，牠總感歎：沒想到我也會有今天啊！

胃裡的鵝卵石

科學家總能在蛇頸龍的胃裡發現光滑的鵝卵石，有人懷疑蛇頸龍是借助這些鵝卵石來幫助自己下潛。

還有人則認為，蛇頸龍經常吃帶殼的動物，胃裡的食物難以消化，只好吞下鵝卵石來研磨食物，長此以往，鵝卵石就被磨得十分光滑了。

8 滄龍——中生代時期的海洋霸主

我們家族時刻關注著自己的安全，所以我對海洋中的強者有著很深的印象。

史前的海洋生物個頭巨大，個性也非常兇狠。

牠們為了爭奪海洋的霸主地位，常打得天翻地覆不可開交。

直到一億年前，一個巨無霸出現了。

牠平復了所有的戰爭，將所有強者趕盡殺絕，讓我們這些海洋生物整日膽戰心驚，

牠就是滄龍。

牠喜歡吃什麼？

滄龍最大能長到二十一公尺，重達三十三噸，牠的胃口很大，喜歡吃金廚鯊、海龜、魚龍、薄片龍、菊石等動物。

本來金廚鯊能力也不弱，牠身體有八公尺，速度和耐力都還可以，而且喜歡群體作戰。可是滄龍了不得，居然能以一敵多，哪怕是與幾隻金廚鯊交手，都不在話下，結果自從滄龍出現後，倒楣的金廚鯊只存活了一千萬年就滅絕了。

牠怎樣進食？

千萬不要以為滄龍是玄幻小說中的優雅神獸，牠就是一個粗野的暴徒，恨不得能一口吞下整個獵物。

可惜，牠的下顎骨間的關節太緊了，沒辦法把嘴張得很大，所以只好把拖拽著獵物，然後用鋒利的牙齒將可憐的弱者切割成小塊再吞進嘴裡。

每次牠大開殺戒，都會把海水染得鮮紅，太恐怖了！

牠有什麼絕技？

牠的牙齒特別厲害，呈圓錐形，還向裡彎曲，有如一隻一隻巨大的倒鉤，任何動物只要被牠咬傷一口，小命都得玩完。

牠的聽力和嗅覺也很強，尤其是牠的耳朵，能把聲音放大三十八倍！

牠的尾巴也很強壯，像個豎著的船槳，能幫助牠們快速前進，同時在游動過程中，滄龍還能像甩鞭子一樣地左右搖晃牠的尾巴，這使得牠的最高速度達到了四八・三公里每小時。不過，速度快，體力就會跟不上，所以牠經常打閃電戰，否則就會累得手腳發軟，游不動啦！

另外，在牠的上顎側面還有一組能發射超聲波的「儀器」，所以儘管牠是個近視眼，卻照樣能準確捕捉獵物的位置。

牠從哪裡來？

滄龍並不是一開始就生活在海裡的，牠的祖先居然是只有九十公分長的小蜥蜴！當時啊，有一些蜥蜴生活在陸地上，可是牠們總是成為恐龍的食物，於是牠們只好躲進海裡，後來就變成了滄龍，看來誰都有倒楣的時候啊！

不過滄龍耀武揚威的時間沒有多久，三千五百萬年後，白堊紀的生物大滅絕開始了，滄龍個頭太大了，很難生存下去，從此再也沒在地球上出現過。

9

棘龍——地球上最大的食肉恐龍

在恐龍剛露面那時，牠的個頭和威力都不是最大的，不過牠很注意給自己補充營養，所以長得很快。到一・四億年前，世界上最大的恐龍——棘龍出現了！

牠有多大？

根據目前發現的最大棘龍化石來看，棘龍的體長能有十九．五公尺，當牠貼著地面行走時，身高可達四．五公尺，而牠的體重也是驚人的，足足有二十三噸！

這意味著，牠比海上的滄龍還大，一頭成年非洲象跑到牠面前就宛如一個小嬰兒，能被牠輕鬆地抱起來。雖然在恐龍世界中，食草恐龍的個頭一般都比食肉恐龍大，但棘龍卻是個例外，牠有著食草恐龍一樣的身軀，食肉恐龍一樣的兇狠性格，除了霸王龍外，誰還敢惹牠？

牠長什麼樣？

恐龍，原來被人們稱為恐怖的蜥蜴，所以牠們的樣子就是一隻大蜥蜴，有著長長的脖子和尾巴，還有四隻腳。

不過，食肉恐龍要吃肉，就得用「手」啊！所以牠們的前肢退化了，變得比後肢短小，這方便牠們捧著獵物去啃食。

棘龍的長相就更為奇特了，牠的頭骨是肉食恐龍中最長的，另外，牠的爪子和牙齒都很長，爪子有七十公分，而牙齒能長到十四．五公分，被牠咬傷一口就慘了！

棘龍最大的特點是背上長著像船帆一樣的長棘，這是由於牠們的脊椎神經和皮膚連在一起形成的。

牠背上的「帆」可達到一．六九公尺，足足有一個女人那麼高！

為什麼要有這個帆，原來，牠可以調節體溫、儲存能量、威脅對手、吸引獵物，最重要的是，如果「帆」長得好看，就是帥哥，可以輕鬆地去追漂亮的姑娘啦！

牠有多強壯？

棘龍經常做鍛鍊，所以手臂很結實，一巴掌拍下去，威力相當於八噸重的卡車碾過獵物。

不過由於胳膊太粗，活動起來就不那麼靈便了，沒辦法大幅度地伸展和彎曲，也沒辦法旋轉一周，但棘龍表示無所謂，只要能打人很疼，牠就滿足了！

牠的咬合力也很驚人，一口咬下去，能產生四噸多的力量，要知道，一輛家庭小轎車才一噸多重，誰見了棘龍，還不得落荒而逃？

10 霸王龍——快跑！最厲害的恐龍來了！

聽說人類特別喜歡一種恐龍，對牠非常好奇。

真不懂人類的心思，我們見到那個怪物都會躲得遠遠的，哪裡還敢去討論牠呀！

牠是誰，牠就是霸王龍。

霸王龍是最著名的恐龍，也是最晚滅絕的恐龍之一。

你可以不知道別的恐龍，但不能不知道霸王龍，如果要排一排地球上最兇狠的動物名次，霸王龍絕對能排進前三名！

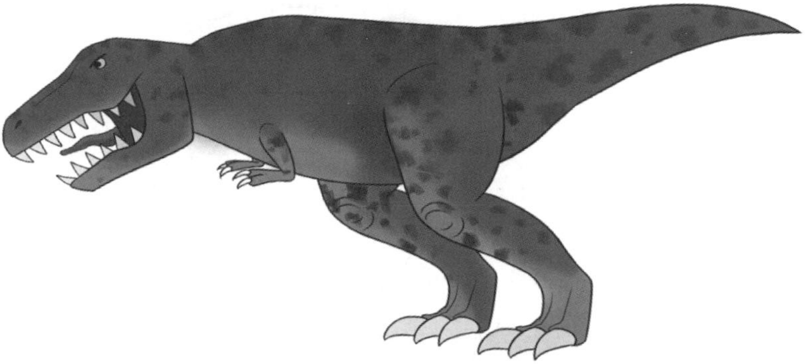

牠有多兇殘？

十枚一元大小的硬幣排成一排，長度才與牠的一枚牙齒相等。

比起霸王龍的競爭對手棘龍，霸王龍的牙齒更鋒利，能夠一口將骨頭咬斷，所以牠是毀屍滅跡的好手。

不過霸王龍說了，牠才不會偷偷摸摸呢，要犯罪，也得光明正大！

是啊，牠當然敢這麼說，誰敢惹牠呀！

牠有多強壯？

霸王龍最多能長到十四．六公尺長，體重平均在八噸左右，不過牠們中的大塊頭可以達到十四．八五噸，如今陸地上最大的動物——非洲象，也得兩頭加在一起才能和霸王龍重量相等。

霸王龍一直為牠的牙齒自豪，的確，誰都不可能比過霸王龍，牠是地球上撕咬能力最強的動物。

雖然霸王龍的體型不是最大的，但牠的身體卻是最粗壯的，無論是肩膀還是腰圍，牠都要比別的恐龍粗一圈，而且更可怕的是，牠身上的都是像石頭般堅硬的肌肉，如果牠去打拳擊，肯定每次都是冠軍。

牠還擁有足夠長的後腿。

很多動物在遇到強敵時，都喜歡直立起身子，顯得比對方高大，以此來嚇唬對方，可這招對霸王龍不管用哦！

當霸王龍站立起來時，唯一能比牠高的只有棘龍了，所以當動物王國裡的臣民們面對霸王龍時，都會嚇得膽戰心驚。

牠的敵人是誰？

霸王龍這麼厲害，還有敵人嗎？

當然有，國王人人想當，所以造反者也不少。

首先是陸地上的鱷魚，牠們仗著人多力量大，看到霸王龍走過來也不會感到害怕，而且牠們比霸王龍矮多了，攻擊和防守都很容易，每回都氣得霸王龍直叫喚。

不過，最令霸王龍不滿的還是三角龍，如果說鱷魚攻擊霸王龍是為了防範的話，三角龍擺明了就是挑釁。

三角龍頭上長了尖尖的三根角，身上又披著厚厚的鎧甲，雖然牠體型沒有霸王龍大，可是脾氣卻十分暴躁，經常向霸王龍發出戰書。霸王龍當然是大發雷霆，三句話不說就往三角龍身上撲去，兩個鬥得你死我活，揚起的沙土都能讓日月失去光彩。

後來，當然還是霸王龍贏了，牠用自己鋒利的長牙殺死了三角龍，並開始撕扯對方的面部肌肉，不過，牠自己也掛了不少彩，相信牠一定會休養很長一段時間，才能再度威風凜凜地登上王位。

11 戈氏鳥——牠的嘴巴可不是鬧著玩的

雖然如今的鳥類披著美麗的羽毛，個子小的像個小精靈，個頭大的又像優雅的公主，可牠們的老祖宗戈氏鳥卻非常恐怖。

戈氏鳥又叫「加斯頓鳥」，牠不會飛，體型很大，眼神陰冷。尤其令人害怕的是牠那張巨大的嘴巴，那可不是為唱歌而生的，而是專門為了打獵長出來的！

牠長什麼樣？

戈氏鳥的身高一般在一．七五公尺，牠的翅膀非常短小，因此沒有飛行能力，好在牠的兩條腿相當粗壯，可以幫助牠們較快地捕捉獵物。

在牠的每隻腳上，都長有三個長長的腳趾，而在牠的趾頭上，又有著尖尖的爪子，所以千萬別被牠踢到或者抓到，否則就要毀容的！

牠的腦袋很小，卻長著一張比頭還大的嘴巴。

雖然這張嘴沒有長出像老鷹一樣的倒鉤，可是威力無窮，彷彿一個巨型的鋼鉗，能把骨頭給夾碎。

團結就是力量

別看戈氏鳥很兇猛，牠們可團結了！

由於知道自己的體力不夠，所以牠們喜歡叫上「皇兄皇妹」一起發動進攻。

除了勇猛，牠們還擁有智謀，懂得躲在茂密的叢林裡觀察獵物，一旦發現機會，就立即上前圍追堵截。

明白了牠們的捕食方法後，我突然就明白了，為什麼戈氏鳥的眼神一直透著一股冷冰冰的感覺。

鳥也能吃馬？

在五千萬年前，戈氏鳥創造了鳥類吃掉馬的奇蹟。

怎麼會這樣呢？

一點也不奇怪，因為戈氏鳥是當時陸地上最大的食肉動物，而馬的祖先——始祖馬就可憐了，牠們只比現代的貓略大一點，而且牠們還是酒鬼，喜歡吃發酵的野葡萄，結果醉了之後遇到了戈氏鳥，暈暈乎乎地被對方抓住，稀里胡塗就送了命。

吃什麼是個問題

據說，恐龍之所以會滅絕，是因為有一天，外太空有一個巨大的隕石砸到了地球上，導致了生物的大量死亡。

當災難過去後，地球上雖然又恢復了生機，可動物的數量卻大大減少，所以戈氏鳥這個陸地上的國王也沒有撈到多少好處，牠整天都在為吃什麼而發愁。

因為個頭大，所以要用很多食物來填飽肚子，可是與戈氏鳥生活在同一年代的哺乳動物，大多數都很小，唯一大一點的動物身上又披著厚厚的盔甲，而且數量也不多，這一切都讓戈氏鳥覺得自己很淒慘，哎，牠真是個最落魄的國王！

12 真骨魚——河湖從此是牠們的天下

在我為動物王國寫這本史書的時候，我鄰居的堂哥的遠方表弟——鯉魚不高興了，牠跑過來找我，說我忘寫了一個強大的王族。

鯉魚小兄弟雖然年輕，卻囉嗦得很，還講了「鯉魚跳龍門」的故事。

牠說了半天我才弄明白，原來牠口中的王族，指的就是包括牠在內的真骨魚家族。

雖然說真骨魚並不強壯，也沒有王者的霸氣，可鯉魚說的沒錯，牠們憑著智慧和勇氣，硬是在河流和湖泊中打出了自己的天下，就衝著這份能力，也得封牠們為王。

牠們的祖先是誰？

距今四．五億年前，魚類的祖先——盾皮魚出現了，無論是小鯉魚，還是大鯊魚，都不能否認，在牠們的身體裡面流淌著相同的血液。

在距今約三億年前的二疊紀時期，地球板塊非常活躍，陸地面積變大，海洋進一步縮小，為了適應環境，很多動物積極地進化，魚類也忙得不亦樂乎，演變出了硬骨魚和軟骨魚。

這兩種魚怎麼區分呢？很簡單，骨頭硬的就是硬骨魚，軟的就是軟骨魚，不過牠們的身上都有極其沉重的鱗甲。

到了距今約六千七百萬年前，硬骨魚又進化到了真骨魚的階段，這時候，真骨魚的鱗甲已經變成了輕巧的鱗片，牠們能更加迅速地在水裡前進，所以後來牠們能統治淡水世界，也就在情理之中了！

牠們有多牛？

世界上的魚超過三萬種，其中包括鯊魚、鰩、魟和銀鮫在內的軟骨魚只有五百五十多種，其餘的全是真骨魚。

除了一些淡水鯊外，軟骨魚全部生活在海洋，由於牠們個頭很大，而且各個都身懷絕技，真骨魚一看不得了，還是去河流和湖泊裡面闖天下吧！

沒想到，牠們運氣很好，如今，陸地上的淡水裡幾乎全部都是真骨魚，牠們變成了名副其實的「打工皇帝」，這就告訴我們：勇氣和拚搏是多麼重要啊！

牠們有哪些絕活？

有句話說得好，三百六十行，行行出狀元，真骨魚能霸佔河湖，沒有點本事是不行的。

有些真骨魚的背上長著尖棘，這讓牠在遇到獵食者時，能使對方無從下口。

有些則嘴巴很長，能夠像筷子一樣地夾起河底的魚。

有些還能放電，比如電鰻，牠的電流既可以電暈小魚，又可以攻擊對手，是非常厲害的武器呢！

13 古蜥鯨——恐龍滅絕後的地球霸主

聽說人類拍了部很恐怖的電影，叫《大白鯊》，我雖然沒看過，但一聽這名字就想笑：大白鯊算什麼呀！如果牠們遇到了古蜥鯨，還不得一下子從老大變成小嘍囉！

其實鯊魚早就開始鬱悶了，牠們本以為可以趁著恐龍滅絕的大好時機登上動物世界的王位，誰知道只高興了兩千五百萬年，就被鯨魚的祖先——古蜥鯨給打敗了。

古蜥鯨是繼恐龍之後的地球頂級掠食者。

想知道牠有多強大嗎？那就擦亮眼睛，聽我慢慢道來。

牠的個頭有多大？

我們知道，陸地上最大的恐龍——棘龍的個頭有十九公尺長，相比之下，古蜥鯨要短一些，有十八公尺，但後者的體重卻能達到六十噸，足足是棘龍的三倍！

棘龍要是碰上古蜥鯨，我估計會被對方活活給壓扁，更別提其他海洋生物了。

牠的模樣好看嗎？

我之所以用了「好看」這個詞，是因為古蜥鯨長得有點像海豚，而且神奇的是，牠和海豚一樣，從嘴裡發射超聲波來前進和定位獵物。

雖然這隻「海豚」有點過大了，可是我因為喜歡海豚這個親善大使，也就愛屋及烏對古蜥鯨有了好感。

不過，古蜥鯨是食肉動物，和可愛沒有一點關係，大家不要忘記了哦！

牠從哪裡來？

鯨魚是哺乳動物，這就意味著古蜥鯨也是從岸上轉移到海裡的搬遷戶。

在大約七千五百萬年前，恐龍剛剛滅絕，大地上到處都是火山噴發的岩漿和毒氣，古蜥鯨的老祖宗一看生活不下去了，只好學會了游泳，從此就在海裡定居了。

後來，老祖宗進化成了步行鯨，牠的腳變得很大，可以既在岸上走動，又在水裡划行。

三百萬年後，步行鯨又進化成了洛德鯨，雖然牠的個頭仍舊不大，只有二．四公尺，可牠長出了一隻適合游泳的大尾巴，身體也變得更像一隻紡錘，這讓牠的行動更便利了。

在接下來的一千萬年裡，洛德鯨的身體越來越大，四肢也退化到很小的地步，終於成為了古蜥鯨。

後來牠怎樣了？

古蜥鯨剛過了一千五百萬年的好日子，地球就開始變冷了，海洋裡的冰山越來越多，海平面也逐漸下降。

古蜥鯨的獵物越來越少，這迫使牠不得不面臨現實艱難的挑戰。

好在牠學乖了，覺得既然沒有那麼多食物可以吃，為什麼不換換口味呢！

於是，牠逐漸吃起了浮游生物，硬是讓自己從一個兇猛的肉食動物變成了溫和的哺乳動物。

14

劍齒虎——雄霸天下的兩顆長牙

人類似乎也蠻喜歡劍齒虎的，我就不明白牠那兩顆巨大的犬牙有什麼好看的，難道牠吃東西的時候不擔心戳到下嘴唇嗎？

牠之所以出名，就是因為牠嘴巴兩側有兩顆巨大的牙齒，有時候我在想，如果我們海參也有兩顆大牙，人們是不是同樣就會喜歡我們呢？

話說人類從來沒有不喜歡過我們，因為我們是牠們的美食，真是和劍齒虎沒法比。劍齒虎存活了三百萬年，牠們甚至等到了人類的降臨，估計人類見識了牠們的威力，所以才會那麼崇拜牠們吧！

牠長什麼樣？

劍齒虎與如今的老虎長相差不多，只不過牠的兩枚犬齒要比老虎大很多，最長可以達到二十公分，比野豬的獠牙還長。

牠的體重有一百五十～兩百公斤，還是滿壯實的。在這裡，我從中發現了一個問題：能稱王稱霸的，都是肌肉發達的獵手，看來肌肉是登上皇位的關鍵因素啊！

牠的後腿和尾巴非常短小，當牠狩獵時，那兇猛的姿態根本就不像老虎，而像一頭健壯的灰熊。

牠的缺點是什麼？

長得壯也不是好事，劍齒虎的優點同樣是牠的缺

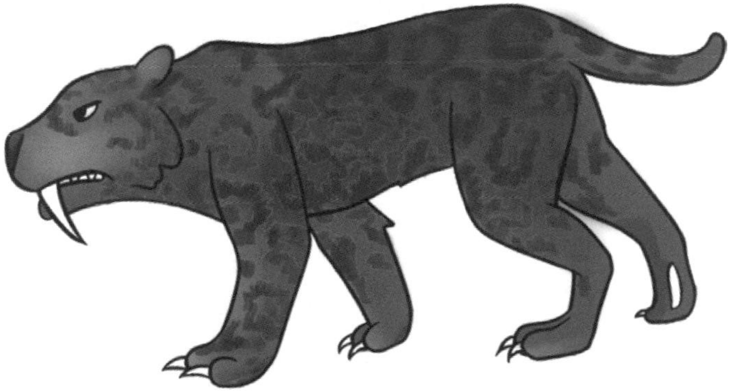

點。

由於牙齒太長，牠的頭很重，所以牠時常抱怨自己頭暈，誰讓牠長那麼長的牙呢！另外，由於身體笨重，牠只能快速進攻，要不然時間一長，身體可就吃不消了。

牠有什麼必殺技？

劍齒虎的必殺技也跟牠的牙齒有關。別看牠牙齒很鋒利，像短劍一般，但由於牠的下犬齒過度退化，當牠撕咬獵物時，力氣往往是不夠的。所以要想讓獵物氣絕身亡，劍齒虎就採用了一個辦法——戳。

當牠發現獵物時，就用長長的犬牙戳進獵物的體內，並且牠還會不停地拉扯頭部，讓動物們因失血過多而死。

既然長了那麼長的牙，就要幹點大事，所以劍齒虎沒事總往劍乳齒象的家裡跑，因為對方的身上有堅硬的皮嘛！害得劍乳齒象又要逃避人類的追殺，又要躲閃劍齒虎的追捕，沒過多久就消失了。

牠的結局如何？

不過劍齒虎的下場也很悲慘，由於過度依賴兩顆犬牙，牠的口味變得非常固定。可是地球在不斷變化，牠喜歡吃的食物越來越少，再加上表兄表弟的爭奪，劍齒虎越來越餓，力氣越來越小。

最後人類還要湊熱鬧，捕殺什麼不好，非得捕殺劍齒虎，結果倒楣的劍齒虎終於在一萬年前遺憾地離開了人世。

15 猛獁象——牠隨冰川時代一起結束

在第四紀冰川時代，地球上再次出現了一種體型巨大的野獸，牠們就是猛獁象。

猛獁象是世界上最大的象，牠的體重也可以達到十二噸，不過，牠們不吃肉，只吃草，所以別看長得兇，性情卻很溫和。

我之所以說牠們是國王，是因為沒有動物敢惹這麼大的一頭巨獸，就算是同一時期最兇悍的劍齒虎，也不敢對猛獁象動歪念頭。

可愛的「小老頭」

由於生活在冰川時代，猛獁象所處的自然環境要比過去冷得多，要命的是，牠們還偏偏要去溫度更低的極地地帶，這不是自找罪受嗎？

為了適應寒冷的天氣，牠們的身體長出了長長的毛髮，所以牠的俗名也叫長毛象。

另外，牠的脂肪也很厚，最厚能有九公分，彷彿一件棉大衣，別提有多暖和了。

很多人喜歡猛獁象，是因為牠長著長毛，看起來溫柔可愛，話說牠如果個子再小一點，牙齒再短一點，沒準喜歡牠的人會更多。

牠的牙齒是個厲害的武器，不僅長，而且向外捲曲，誰被頂一下，不丟性命也得重傷，還好牠只有在遇到危險的時候才使用牠的長牙。

猛獁象的背部有一處最高的地方，從此處往後，高度就開始下降，再加上牠的脖子後面有一個明顯的凹痕，所以我們都覺得牠長得像老頭，便給牠取了個外號，叫「可愛的小老頭」。

可悲的滅絕

猛獁象與人類一起生活，直到四千年前才滅絕。

為何牠沒有能生存下來？

科學家認為，在冰川時代後期，由於氣候變暖，猛獁象被迫往更冷的北方遷移，可這樣做的後果是直接導致了植物的減少，猛獁象便被餓死了。

另外，人類的捕殺也是猛獁象消失的原因。

猛獁象媽媽從懷孕到生產，需要二十二個月，一旦遭到人類獵殺，母子倆往往會一同送命，由於沒有子孫後代，牠們的數量越來越少。

最後，猛獁象自己也有問題，牠喜歡和近親結婚，但這樣一來，象寶寶容易生病和死亡，所以，怪人類還不如怪自己啊！

可貴的化石

猛獁象一直受到人類關注，因為牠的化石非常完整，人們甚至能挖掘出皮肉完整的猛獁象屍體。

後來，科學家又在西伯利亞發現了猛獁象的新鮮血液，他們非常高興，想通過血來創造出活的猛獁象，如果是那樣的話，我就能再次見到我的老朋友啦！

為什麼猛獁象的屍體能保存得如此完整？這還是跟大自然有著直接的關係。

因為牠們生活在冰天雪地中，所以經常有倒楣的猛獁象掉進冰層中，巨大的冰塊像冰箱一樣，起到了保鮮的作用，所以當猛獁象重返地面時，自然還能跟生前一樣栩栩如生。

猛瑪象與半化石

在北冰洋沿岸，猛瑪象的化石被大量發現，不過牠們的化石還未完全石化，只能被稱為半化石。

原來，在自然界中，如果要形成化石，需要至少二．五萬年，可猛瑪象才存活了一萬年，所以牠們的身體並非真正的石頭。

16 泰坦鳥——讓人類害怕的大怪物

在遼闊的美洲大陸，流傳著一個怪物的故事——

據說，牠們的嘴像斧頭一樣鋒利，奔跑起來像馬一樣快，牠們比十個人加在一起還要大，只要牠們出現，人類就會丟掉性命！

這怪物是誰？

原來啊，牠就是戈氏鳥的表弟泰坦鳥。

其實泰坦鳥沒有人類說的那麼恐怖，不過牠仍舊是北美洲的頂級獵食者。要不是牠和戈氏鳥不住在同一個地方，牠們兩個肯定會為爭奪地盤打得天昏地暗。

牠漂亮嗎？

很遺憾地告訴大家，泰坦鳥雖然也是鳥，可牠的長相和戈氏鳥一樣難看，尤其是牠的嘴巴比戈氏鳥的還要粗大，這讓牠看起來更加奇怪。

泰坦鳥全身披著黑色的羽毛，翅膀也很短小，所以牠也不會飛。為了捕食，牠同樣擁有兩條粗壯的腿，而且牠的爪子很尖銳，可以輕鬆地撕碎獵物，牠的中趾是最大的，既能抓又能踢，連人類都被重傷過。

牠的體型比戈氏鳥還要大，足足有二．五公尺高，重達四百公斤，是世界上最大的鳥，難怪人類要害怕啦！

牠從哪裡來？

雖然恐龍滅絕了，但泰坦鳥是由恐龍進化而來的，所以牠也主要靠頭部和嘴部的巨大殺傷力進行捕食，不過和食肉恐龍不同的是，泰坦鳥喜歡打埋伏，因為牠只要成功，並不在乎什麼方式。

泰坦鳥本來是住在南美洲的，可是在兩百萬年前，南北美洲卻連在了一起，強壯的北美洲動物對著柔弱的南美洲動物大開殺戒，讓南美洲的動物臣民叫苦不堪。

泰坦鳥國王非常憤怒，率領牠的臣子奮勇抗爭，一鼓作氣地將侵略者趕回了老家。為了鞏固勢力，泰坦鳥從此就留在了北美洲，並直到一・五萬年前才消失。

牠為何事煩惱？

泰坦鳥的嘴巴太大了，使得牠的腦袋很重，每次走路都要把頭耷拉下來，經常讓大家以為牠這個國王做錯了事。

泰坦鳥便在日思夜想：該用什麼方法來減輕我的頭部重量呢？

後來，牠發現如果讓翅膀變小，就可以使得身體的前端不再那麼重了，牠很高興，就整天祈禱讓翅膀縮小。日子久了，居然真的成功了！

牠又想：如果讓我的骨頭變輕，是不是就能讓身體更加靈活呢？

於是，牠又讓自己的骨頭變成中空結構，果然又減了不少體重。就這樣，牠的後代，也就是鳥類都遺傳了泰坦鳥的骨頭特徵，這使得牠們終於飛上了天空。

17

安第斯神鷲——鳥兒居然可以吃掉獅子

雖然曾經的巨鳥都已經離我們而去，但牠們的後代卻仍舊繼承著祖輩的遺志，誓要成為天空的霸主。

於是，安第斯神鷲就出現了，牠雖然沒有祖先那麼大，卻更加厲害，傳說能吃掉一頭獅子！

聽說美洲的印第安人很崇拜牠，把牠當成自己的神來尊敬，還把牠的形象印在了自己國家的國徽上。鳥類能讓人也臣服，真是我們動物世界的奇蹟啊！

不過，牠很容易生氣，臉也因為經常發火而憋得通紅，所以大家最好不要惹牠，否則下場會很慘哦！

牠長什麼樣？

安第斯神鷲身體長度超過一公尺，當牠張開雙翅，身體則可超過三公尺，目前發現的最大一隻，翅膀展開居然達到了五公尺！比兩個成年男人的身高還要長呢！

牠們都穿著黑色的羽絨大衣，衣服則是一圈白色的羽毛，盡顯皇帝的霸氣！雄性的神鷲在額頭的中央還掛著一個大肉瘤，這是牠的王冠，雌性就沒有這個特徵。

和老祖先一樣，安第斯神鷲的中趾也特別長，而且趾頭上的爪子又直又鈍，所以不適合抓東西，但適合在陸地上行走。

神鷲的眼珠一般是褐色的，但雌鷲比較特別，是深紅色的，就像美麗的紅寶石一樣呢！

牠住哪裡？

安第斯神鷲和牠的親戚——老鷹一樣，喜歡在高處居住，而牠們的住處更加難找，因為是在三千到五千公尺的懸崖上。

所以，牠以大山為根據地，向著遼闊而沒有樹木的草原一路進發。

偶爾，牠也會來到沙漠，看一看地上有沒有動物的屍體，不過現實經常讓牠們失望，後來牠們就不去沙漠了。

牠愛做什麼？

牠愛吃腐肉。

雖然人們說牠能兇猛到吃掉一頭獅子，但實際上牠的主要食物還是腐肉。

任何動物只要死去，就是安第斯神鷲的食物，不過神鷲最愛的還是牛和羊的屍體。

牠喜歡單獨進餐，最討厭侄子——禿鷲聚在一起吵吵鬧鬧開飯的場面。牠非常貪吃，就算是一頭大象，牠也會全部吃完。

可是吃得太多胃很撐，吃完了牠就飛不動了，需要坐在懸崖上好好消化一下，所以大家都以為牠在打坐，其實牠只是沒辦法運動啦！

牠還愛旅行。

牠旅行的方式就是滑翔。

由於牠住在山裡，可以依靠山上的上升氣流升高和盤旋，所以飛得毫不費力。

要旅行就不能吃太多，為了自己的這個愛好，每當出遠門的時候安第斯神鷲只好在途中稍微吃一點食物，而且一大清早就要出發，飛行兩百多公里到達景區，晚上再原路返回，真的很愛玩呢！

牠有什麼危險？

在近代，西班牙殖民者來到美洲後，對安第斯神鷲展開了殘忍的捕殺，差點導致牠滅絕。

為了保護這個世界上最大的飛禽，很多拉美國家採取了保護神鷲的措施，才使得牠活了下來。

牠的壽命很長，能活到六十多歲，所以如今牠的數量開始增多，日子也變好了，算是最好命的一位皇帝了。

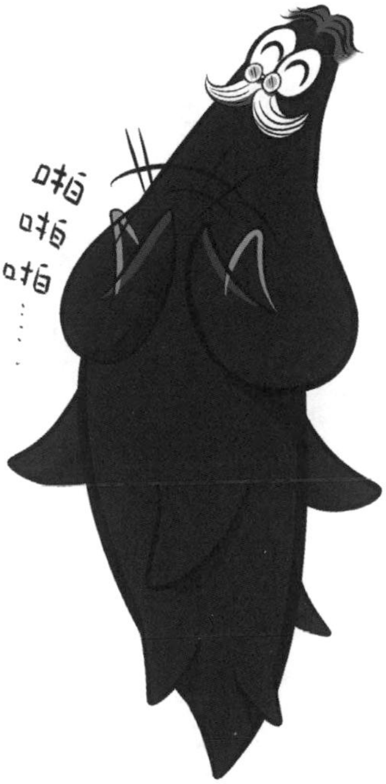

18

鯨鯊——魚類中的巨無霸

請告訴我，世界上最大的魚是什麼？

千萬別說是鯨魚，鯨魚雖然名字中有「魚」，也生活在海裡，可牠是哺乳動物，和魚沒有一點關係。

我還是來揭曉答案吧，是鯨鯊，就是說像鯨魚一樣大的鯊魚。

鯨鯊是地球上最大的魚，可是牠們並不自大。

相反，牠們非常溫和，從不欺負弱小，所以大家都很愛戴牠。

牠到底有多大？

在我的有生之年，我見過的最大鯨鯊有二十公尺長，重三五．八噸，雖然牠與鯨魚比起來還是小了許多，但其他的海洋生物與牠排在一起，就會一下子成了一個小不點。

牠長什麼樣子？

鯨鯊的身體像一塊被壓扁了的麵包，牠的頭部很寬，而且很平，彷彿是因為游得太快撞上了一堵牆，把頭給撞變了形。

牠的眼睛很小，牙齒排成十一～十二排，神奇的是，牠的牙齒在一年中至少更換兩次，所以就算得了蛀牙，也不用害怕。

牠是魚，所以用鰓呼吸，當牠吸入海水後，就會迅速讓海水從鰓裡排出，這一點跟鯨魚有很大不同哦！因為鯨魚是用肺呼吸的。

牠喜歡吃什麼？

我早就說過，鯨鯊脾氣很好，所以牠絕對不是殘忍的獵手。

牠的嘴巴非常大，而且嘴裡還有幾千顆非常小、像一顆顆小鉤子似的牙齒，那些牙齒最長不超過〇．三公分，還排得整整齊齊，分布在牠的上頜和下頜裡。

這樣奇特的嘴巴適合吃什麼獵物呢？

原來，鯨鯊居然和鯨魚一樣，以海中的小型動植物為食，牠很少去捕捉小魚，所以在牠身邊游泳是很安全的哦！

牠怎樣吃飯？

鯨鯊吃飯時，活像哺乳動物在打哈欠。

只見牠張開巨大的嘴，這時候，牠的身體就活似一個大大的圓桶，將海水吸了進去。

然後，牠的牙齒開始發揮作用了，如同篩子一樣，將浮游生物、小烏賊和磷蝦，以及一些巨大的藻類留了下來，而牠吞進去的海水卻從鰓裡被排了出去。

牠住在哪裡？

鯨鯊喜歡溫暖的地方，所以主要棲息在熱帶和溫帶海洋裡，牠們喜歡海島，因為島上有人潛水。

每當有人類潛入海底時，鯨鯊就會把牠那白白的肚皮反過來，讓人幫忙清理賴在牠肚子上不走的小魚小蝦。

牠最喜歡的地方是菲律賓，在每年的一～五月，會經常在那裡的海岸集體聚會，看起來牠們的興致很高啊！

牠的壽命多長？

鯨鯊是海洋中最長壽的生物之一，牠能活七十到一百年，幾乎和人類差不多啦！不過，雖然活得久，卻因為曾經遭受過人類的過度捕撈，牠們已經成了瀕危物種。

好在人類已經改過自新，展開了對鯨鯊的保護政策，所以鯨鯊已經沒有天敵，牠暫時安全了。

第二章

有本事才能做官

1 海參——我們是看著大家長大的

從這裡開始，我要講一講我們動物世界的官員了。

沒有點本領，能當得上官嗎？我們王國的官吏們各個能文能武，擁有別人只能羨慕的一身絕技。

說起來慚愧啊！我們海參並沒有多少本事，除了能存活得久一點，也沒有什麼地方好值得炫耀的。

不過大家仍舊推選我當了記錄歷史的史官，我很感激大家的信任。

接下來，我就先自豪地將講一講我們海參的事情吧！

我們的模樣

說起自己的模樣，要是早些年，我肯定羞愧死了，好在我現在年紀大了，臉皮也厚了，就覺得說出來也沒什麼大不了的。

我們的身體像個圓筒，膚色比較暗沉，上面還有很多小肉刺。

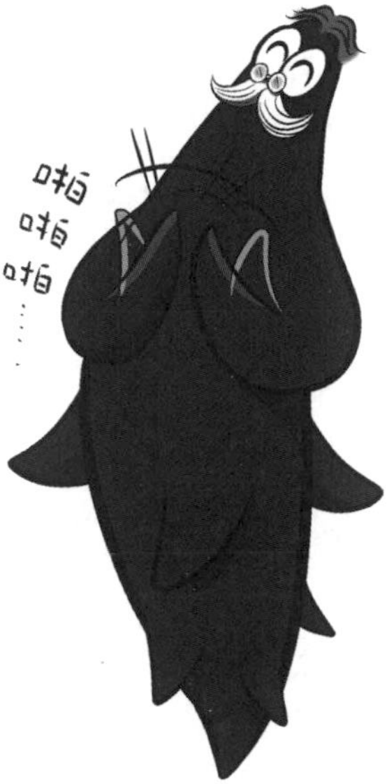

在我們的背部，有具備運動和呼吸功能的疣足；而在我們的腹部，又有像細管一樣的管足。

別看我們軟軟的，我們也是有骨頭的！只不過骨頭退化成了微小的骨片，所以看起來消失了一樣。

我們的頭和肛門分別長在身體的前後端，在我們的嘴邊，有大約二十個能夠伸縮的觸手，看用來捕食和挖穴。

我們的歷史

說出來嚇死你！

我們家族從六億年前的寒武紀時期就已存在，是地球上最古老的生物。在這麼多年的時間裡，我們躲過了無數劫難，見證了無數動物的興衰，陪著地球一起成長，所以人們總愛稱呼我們為「海洋活化石」。

我們的假期

我們喜歡在夏季休眠，也許你會問我：「夏天食物多，你們為什麼要睡覺？」這是因為高溫是我們唯一懼怕的東西，每當水溫超過二十°C，我們就會鑽到石頭底下，把身體團成一個硬球，然後不吃不喝，等到秋天才開始出來活動。

我們的絕活

首先，我們是產卵數量最多的生物之一。在春季的繁殖期，只要是四歲以上的海參媽媽，就能一次產下五百萬枚卵，我們雖然柔弱，卻懂得以數量取勝，所以家族才能興旺到現在。

其次，我們能變色。無論我們身在何方，都能變成與環境同樣的顏色，是不是很神奇？

第三，我們有獨特的逃跑技巧。很多兇惡的魚都想吃我們，我們乾脆將自己的五臟六腑排出來，讓對方吃掉。雖然很疼，但是兩個月以內，我們的內臟又會慢慢長出來，這也是我最佩服自己的一個絕技。

第四，我們是打不死的動物。人類有時很壞，會給我們做實驗，將我們切成一段一段的，再放回海裡，可三個月以後，我們身體的每一段都會長成一個新的海參，讓人們很驚奇。

後來他們又使壞，用細鐵絲穿透我們的身體，還打上了死結。可我們只要碰到異物，身體就會自行溶解，然後鐵絲就被排出來了。

唉，人類再這麼做我可要抗議了！

海參的未解之謎

人類至今都沒弄明白海參的兩大神奇功能。

一是牠能預測天氣，當牠躲到石縫裡時，人們就知道暴風雨要來了。

二是牠的皮下貯存有很多極細小的鐵球，科學家無法解釋這些鐵球是怎麼形成的，只能推測海參在食物缺乏之時，可以用鐵球與缺鐵的食物進行組合，以避免讓自己出現貧血症狀。

2 燈塔水母——能夠長生不死的巫師

接下來要講一講我的老朋友了，牠家族的歷史和我們家族一樣悠久，牠是我們王國最厲害的巫師，沒有人能像牠一樣能長生不死。

記得每一屆的國王都會去找牠，求牠給自己開不死的藥方，可是牠每次都在推拖，到現在，國王都換了十幾個了，牠還活著呢！

牠這麼厲害，到底是誰？

原來，牠就是燈塔水母。

牠長得像巫師嗎？

燈塔水母是水母的一種類型，牠的頭部像一個圓錐形的傘，頭的下方有很多觸手，在牠那透明的腦袋裡面，有著紅色的軀幹。由於軀幹裡有一種叫做埃奎明的神奇蛋白質，所以當牠在海底游泳的時候，活像一盞燈塔，所以被稱為燈塔水母。

不過這盞「燈」也太小了，燈塔水母的直徑只有〇．五公分，所以牠的聲音也比較小，我年紀大了，耳朵背，只好不和牠說話了。

牠真的能不死嗎？

在二十℃的水裡，燈塔水母的幼蟲只需要一個月的時間就能長大，可是還沒等我跟牠打招呼，牠就縮起了觸手，收起了頭上的傘蓋，又變成小孩子了。

所以我很無奈，這個巫師長生不死也就算了，為什麼還要讓自己一會兒長大一會兒變小啊！到時我找牠辦個事情都麻煩。

牠為什麼不會死？

人類的科學家發現，燈塔水母的遺傳基因——DNA是呈環狀模樣的，這意味著牠們可以讓時光逆流，重新回到童年時代。

對於牠的這項本事，我好羨慕啊！尤其是我年紀一大把，整天都在夢想怎麼可以活得長壽一些，可燈塔水母完全沒有這個煩惱，我看我也該去求牠開點仙丹了。

另外，牠也有神奇的自救功能。

如果用刀把牠切開，只需二十四小時，被割的兩段身體都能變成兩隻燈塔水母的幼蟲，再過兩天，燈塔水母就可以長大了。

就算殺了燈塔水母，只要牠有完整的細胞，牠還是能活下去，非常奇妙！

牠會不會越來越多呢？

燈塔水母不需要區分水母媽媽和水母爸爸，牠只要長大成人，就能生孩子。

由於牠不會死，大家肯定會有這樣的疑問：牠豈不是越來越多了？整個海洋都會變成牠的天下？

放心吧！

由於人類的活動干擾，燈塔水母的數量受到了很大的影響，而且因為牠們個頭小，所以海洋中那些兇狠的武官一不高興，就撲向了這個著名的巫師，所以牠們是不會擠滿整個海洋的。

3 海百合——「仙女」降臨海底

在距今四億多年前的志留紀時期，海洋中到處都是三葉蟲、盾皮魚和頭頂尖帽子的筆石，大家不覺得自己醜，卻都認為別人太難看了，就一致祈禱：上帝啊，給我們送來一位美麗的仙女吧！

於是上帝答應了眾生的請求，送來了一位長袖飄飄的仙女——海百合。

從此，海洋裡有了美女，大家整天笑得合不攏嘴，可開心了！

牠有多美？

海百合之所以叫「百合」，是因為牠的體外長著無數細長飄逸的手腕，遠遠望去就跟一朵百合花似的美麗。

不過，百合是不會動的，可海百合會動，牠手腕的側面長有細小的枝節，如同羽毛一般在海水中來回拂動，彷彿是一位迷人的仙女在跳舞，讓大家都讚不絕口。

更奇妙的是，牠的頭上還戴著一朵淡紅色的「花」，其實那是捉蟲子的網，而海百合的嘴恰恰就長在花心的底部，當小型生物掉進網裡後，會被海百合的手腕直接送進嘴裡，聽起來牠似乎是個邪惡的仙女哦！

牠有幾種模樣？

本來，海百合的身體下部都是帶柄的，這樣牠們就可以固定在沒有風浪的深海處。

牠的柄上有一個花托，那裡有著牠所有的內臟，每當牠想吃東西時，就將手腕伸展開來，纏住小魚小蝦，然後開吃，而當牠吃飽後，牠又將手腕收起，像一朵枯萎的花，其實是牠在休息呢！

可因為牠太美了，很多兇惡的動物都想搶走牠，牠們吃掉了牠的柄，迫使牠漂浮在海裡。

這個仙女不肯屈服，就四處流浪，牠在自己的手腕中注入毒素，這樣大多數生物就不敢碰牠了。

這時，牠隨波逐流的樣子就更美了，人類還給牠們起了個美名，叫「羽星」，意思就是長著羽毛的星星。

牠活下來了嗎？

仙女是不容易死的，作為棘皮動物的祖先，海百合一直活到了今天。

如今，海百合大約有六百多種，其中數量最多的是羽星，有四百八十多種，其餘的為有柄海百合。

由於羽星會根據環境變色，還喜歡住在食物很多的珊瑚礁裡，所以牠們人丁興旺，相比之下，有柄海百合就慘了，牠們不能移動，還要整天忍受掠奪者的襲擊，只怕撐不了多久了！

4 古蜻蜓——獨一無二的昆蟲巨人

要想保衛王國，沒有一個能偵察敵情的偵探怎麼行？

在三．五億年前，一隻會飛的昆蟲主動請纓，要做勘查前方的偵察員。

國王一看，喲！這蟲子個頭好大！眼睛更是巨大，幾乎把整個頭部都占滿了，覺得對方肯定視力很好，就同意了。

於是，我們王國從此出現了一位偵查高手——古蜻蜓。

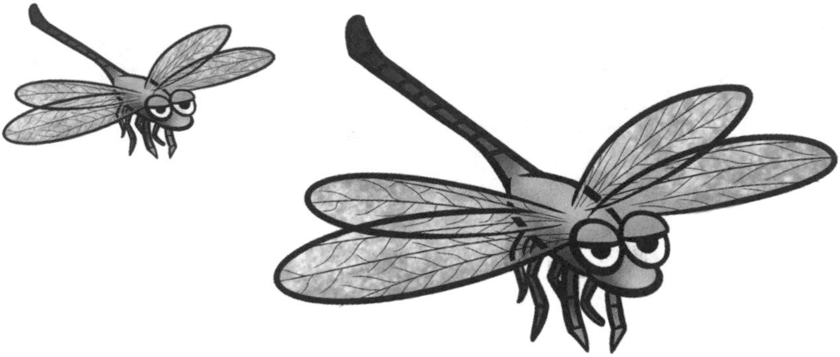

牠怎麼這麼大？

當古蜻蜓展開翅膀時，牠的寬度將近一公尺，從而也令牠成為世界上最大的昆蟲。

是什麼原因促使這位巨型昆蟲誕生的呢？

原來，在古蜻蜓生活的年代，大氣層中的氧氣濃度為三十五％，比現代高多了，由於氧氣充足，古蜻蜓和其他昆蟲都長得特別巨大，而且那時樹木也很高大，所以古蜻蜓這樣的個頭還算正常。

在當時，由於氧濃度太大，昆蟲靠血液來吸收氧氣是很慢的，牠們乾脆在身體上遍佈了一種微型氣管，直接來吸收氧氣。

所以昆蟲的個頭越大，氣管越多，吸到的氧氣也就越多，所以古蜻蜓最喜歡深呼吸了，牠說這樣牠能更加清醒。

牠的眼睛有多強大？

既然肩負著偵查的重任，雙眼的視力一定要好。

古蜻蜓再三保證，牠的視力絕對沒問題，因為牠的每隻眼睛都由三隻單眼構成，而這三個單眼，又由約二．八萬隻小眼組成，所以牠是世界上眼睛最多的動物。

牠的眼睛雖然大，卻一點也不笨拙，能夠往上、往下、往左、往右看，更神奇的是，牠居然不用回頭，就能往後看！

此外，牠的大眼睛還能測速哦！

當有物體出現在古蜻蜓面前時，牠的每一個小眼都會做出反應，經過精密的分析，最終測出物體的運動速度。

所以這雙眼睛簡直太厲害了，儘管牠們凸在外面，像兩個大大的乒乓球，可要是沒有了這雙眼，王國裡的最佳偵察員還能由誰來擔任呢？

牠怎樣飛行？

長了那麼大的翅膀，古蜻蜓比現代的鳥兒大多了。

牠的翅膀能夠擺動、彎曲和扭轉，非常靈活，而牠們的後代也完全繼承了牠們的飛行特技，所以各個都是飛行專家。

牠不怕出汗嗎？

這麼大的個頭，在溫暖的石炭紀是很容易出汗的，哪怕是非常慢地做一件事，也會汗流浹背。

古蜻蜓是只勤勞的昆蟲，牠該怎麼為自己降溫呢？

牠為自己想到了一個不用搧扇子就能涼快的方法，那就是讓全身的血液在腹部循環流動。

牠的腹部很長，也很薄，當血液流動時，熱氣就從血管中透過腹部蒸騰出來，這樣牠就不怕中暑了。

5

史前蜘蛛——三億年前的「空中殺手」

本來蜘蛛和蜻蜓一樣想當偵察員，可國王嫌牠看得不夠清楚，就沒有同意。

蜘蛛很不高興，當場展示了牠的絕技——結網，看得大家都愣住了。

國王又驚又喜，馬上讓蜘蛛做自己的空中護衛，並授予牠勳章。

於是，蜘蛛從此就當了官。

不過，牠更喜歡用「殺手」這個詞來稱呼自己，牠喜滋滋地在空中結著網，等待著倒楣者的敵人送上門。

牠長什麼樣？

其實史前蜘蛛的長相和現代蜘蛛差不多，牠們的身體分為兩大部分——頭胸部和後體，其中頭胸部被結實的甲包裹，所以不怕被襲擊。

牠的頭部一共有八隻單眼，看起來夠嚇人的，嘴巴長得靠近胸部，向外凸起，可以方便牠吃東西。

牠還有八隻腳，其中前兩對長在頭胸部，後兩對用來行走，長在後體。

所以牠不是昆蟲哦！昆蟲只有六隻腳。

牠怎樣打獵？

為了捕殺獵物，蜘蛛得先做好準備工作，那就是結網。

在牠的尾部，有八個紡器，可以從中紡織出晶瑩剔透的絲線，而到了現代，牠的後代們只剩下了六個紡器。

然後牠就開始勤奮地工作起來。

只見牠一圈一圈地拉著線，連飯也顧不上吃，不過蜘蛛說沒有關係，等網結好了牠就能飽餐一頓了。

一旦獵物上鉤，牠就利用自己的前兩對腳開始行動了。

牠的第一對腳是「針筒」，專門用來注射毒液，當獵物被蜘蛛刺中後，就沒法動彈了，而且牠們的內臟也會慢慢被毒液溶解。

蜘蛛的第二對腳是感覺器官，可以感受食物的美味程度。不過，雄蜘蛛也會用這對腳來與雌性交配。

當確定獵物已經成了一杯被軀幹包裹著的「飲料」，蜘蛛就在獵物的身上開一個小口，然後貪婪地吮吸起來，直到「飲料」全部被喝光為止。

牠為什麼不會被黏住？

蜘蛛網是很黏的，很多昆蟲撞到蛛網上都會飛不動，為什麼蜘蛛不會被自己的網黏住呢？

其實，蜘蛛也害怕自己被黏住，所以牠精心準備了三招。

第一招：吐不同的絲。

蜘蛛絲分兩種，一種是縱向排列的，叫縱絲，這種絲沒有黏性；另一種橫向排列，叫橫絲，上面有一顆顆像水珠一樣晶瑩的液體，具備黏性，蜘蛛只要在縱絲上走，就很安全。

第二招：腿上長毛刺。

不要以為蜘蛛腿上的毛刺是用來刺人的，其實那是用來掛在蛛網上的，這樣一來蜘蛛被黏住的機會就變小了許多，所以蜘蛛不會讓網與地面垂直。

第三招：在腿上塗油。

蜘蛛能分泌出一種油性物質，一旦閒下來，牠就會給自己的全身都塗上油，所以即使牠碰到了橫絲也沒事，因為腿腳滑溜溜的，很容易脫身，所以蜘蛛很安全，不用擔心。

6 白蟻——就喜歡用數量壓倒你

在二億年前，有一部分蟑螂因不堪忍受大家對牠的歧視，轉移到了地下，牠們悄悄地脫掉硬殼，把身子漂白，變成了一種柔軟的昆蟲——白蟻。

可這樣一來，牠們的天敵也多了，很容易被吃掉。白蟻家族很擔心安全問題，就嚴肅地開了個會，最終牠們決定以數量換得生存的希望。

從此，牠們的產卵量驚人，一天竟然可以產卵幾千粒甚至上萬粒，絕對是動物王國最能生育的動物。

為了表揚白蟻，國王任命白蟻為人口普查部部長，以便感謝牠們為王國的繁榮所作出的卓越貢獻。

長相描述

一般來說，白蟻都是身體扁平，以白色為主，但也有淡黃色、赤褐色和黑褐色的白蟻。牠們的觸角像串起來的念珠，嘴巴很發達，能嚼爛很多東西。

牠們體型很小，一般最大的只有三公分，最小的只有幾公分，但承擔著養兒育女重任的蟻后腹部發達，所以個頭很大，能超過十公分。

家族成員介紹

白蟻有著龐大的家族，而且分工明確，分類的標誌就是看牠們有沒有翅膀。有翅膀的白蟻是家族未來的王后和國王，也是所有白蟻的父親和母親。

每當靠近夏季，牠們就會飛出巢穴，挑選戀人，一旦戀愛成功，牠們就會脫下翅膀，雙雙成婚，然後組建家庭，過著一夫一妻制的生活。

無翅膀的白蟻是家族中的僕人和士兵，肩負這保衛家族的使命，牠們不具備繁殖的能力。

個子小的叫工蟻，牠們最辛苦，數量也最多，每天忙忙碌碌地採集食物、裝修房屋，甚至照顧幼蟻，因為蟻后只管生，不管帶孩子。

個頭大的叫兵蟻，牠們的頭部長著發達的上顎，可以殺退強敵，還可以堵塞洞口。不過上顎太強大也不是好事，因為上顎是用來吃飯的，所以兵蟻沒辦法自己吃飯，只好靠工蟻餵養。

優點和缺點

白蟻喜歡吃木頭，所以牠們對房屋、橋樑、森林的危害性極大。聽說人們特別討厭牠們，稱牠們是「無牙的老虎」。但牠們也是有優點的，牠們能分解腐朽的木頭，讓爛木頭變成養料，重回土壤，所以也算是大自然的功臣。

要知道，木頭中含有纖維素，而纖維素幾乎沒有人能消化得了，唯獨白蟻沒有問題，這是為什麼呢？

因為，牠們的腸道裡寄生著一種動物，叫鞭毛蟲，鞭毛蟲能分泌一種物質，能把木頭分解成葡萄糖，所以在白蟻看來，吃木頭就跟吃糖一樣，難怪牠們要啃得津津有味啦！

7 盾皮魚——有了盔甲好辦事

大家都知道，國王出門，肯定需要很多騎士來保護牠，可是，該找誰做騎士就成了難題。

因為騎士要穿戴厚厚的盔甲，一般動物不能勝任。想來想去，國王看中了盾皮魚，並通知牠們即刻上任。

自從有了國王的欣賞，盾皮魚身份立刻高貴起來，牠們因此在全世界風光無比，並興旺了七千萬年才衰落下去。

牠長什麼樣？

盾皮魚大多數個頭不是很大，但也有少數能長到一公尺至四公尺長。我的太爺爺曾經見過一隻巨大的盾皮魚，牠的嘴巴張開來，直徑居然有一公尺！當時嚇得我太爺爺魂飛魄散，還好牠不喜歡吃海參，我太爺爺才撿回一命。

牠的身體扁平，除了腹鰭和尾鰭外，全身都披著厚厚的鎧甲，所以讓牠當騎士是最合適不過了。

牠戴著怎樣的盔甲？

和現代的有甲動物不一樣的是，盾皮魚不僅身上穿盔甲，頭上還戴著堅硬的保護帽。

盾皮魚類中最顯赫的一族叫做恐魚。在寒武紀早期的海洋中，奇蝦稱王稱霸，而泥盆紀晚期出現的恐魚，單是牠頭胸甲的尺寸，就超過了奇蝦的身材，成為繼奇蝦之後的海洋霸主。

牠的盔甲最多能達到二．二公尺的厚度，所以很少有強敵能打敗牠們。

但是衣服太重也不是好事，牠們的行動非常緩慢，儘管國王很器重牠們，經常勸牠們鍛鍊身體，可牠們卻很懶，不肯運動，因此逐漸失去了皇帝的喜愛。

牠是誰的祖宗？

盾皮魚其實是有腹肌的，只要牠勤加鍛鍊，身材一定會很好，而腹肌是脊椎動物的標誌，所以盾皮魚是脊椎動物的祖先之一。

最開始，盾皮魚是以河流為家的，不過在牠生活的年代，陸地上的氧氣不夠多，所以那時候牠既有鰓又有肺，以便爭取讓自己多呼吸一點氧氣。

後來，牠跑到了海裡，就沒有缺氧的煩惱了，這時牠只用鰓呼吸，所以牠的子孫們也只有鰓，而沒有肺了。

牠吃什麼？

牠的下巴很結實，而且嘴裡還有兩排又寬又大的鋒利牙齒，如同兩排尖刀，讓人不寒而慄。

長著這麼厲害的牙齒，不吃點硬的東西磨磨牙怎麼行？

所以，盾皮魚喜歡貼著海底的淤泥或岩石的邊緣尋覓食物，牠要找的是有著柔軟軀體的貝類。只要牠輕輕一咬，貝類的堅硬外殼就碎掉了，所以連鸚鵡螺有時候也會怕牠三分呢！

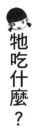

8 裂口鯊——牠的嘴很奇特

鯊魚是海洋中最兇猛的動物，在如今的海洋裡稱王稱霸，不過牠們的祖先——裂口鯊並不是那麼厲害，所以也只能先當個護衛，然後再謀求更好的發展。

裂口鯊是軟骨魚的鼻祖，牠是在盾皮魚消失以後出現的，這時牠已經脫掉了笨重的盔甲，開始暢快地在海中遨遊，因此被新國王所欣賞。

本來牠可以再當個大官的，可惜因為牠嘴巴的問題，牠被國王嫌棄長得不好看，令牠可傷心了。

牠的嘴有什麼問題？

當現代的鯊魚張大嘴巴時，牠們的嘴只會出現一道橫向的裂縫。可是裂口鯊不一樣，當牠張嘴時，牠的嘴會出現兩條縫：一條是橫向的，另一條是上嘴唇向兩邊裂開來，活像被人從中間切了一刀似的。好端端的嘴，怎麼會變成兔子一樣的三瓣嘴呢？

裂口鯊很委屈，因為從牠出生之日起，牠的嘴就是這個樣子的，所以牠一直想做整形手術，可惜直到牠滅絕，牠的嘴巴仍舊保持著畸形。

牠的體型大嗎？

雖然在遠古時代，動物們幾乎都是大個子，但裂口鯊不一樣。牠體長不超過二公尺，和現代鯊魚差不多，話說鯊魚一直不願意長個子，這一點也是滿奇怪的。

除此以外，牠的模樣和如今的鯊魚也很相似，身體也呈流線型，背部有兩對鰭，體側則有兩對鰭腳，眼睛後方也有能排水和交換氣體的鰓裂，除了嘴巴古怪了些，乍一眼望去，跟後代鯊魚沒多大區別。

牠的不同之處在哪裡？

裂口鯊的頭部後方有一塊骨頭凸起，彷彿被撞腫了似的。

牠的口部關節沒有牠的後代強壯，但好在牠嘴巴裡的肌肉更加發達，所以嚼起東西來也不會太費勁。

牠的牙齒也沒有現在的食肉鯊魚那麼鋒利，所以牠只能咬住獵物，但是撕不開對方的身體。

那牠該怎麼吃飯呢？

這時候，牠的裂口就有大作用了。因為上嘴唇裂開了一個大縫，牠的嘴就能張得很大，可以將整個獵物吞進肚裡。所以，裂口鯊的腸道功能也比牠的子孫們強，不然生吞一整條大魚，是會消化不良的哦！

吃了很多水銀的鯊魚

如今，鯊魚處於食物鏈的頂端，由於牠幾乎沒有天敵，所以海洋生物所吸收到的水銀全部跑到了牠的體內。

人類愛吃鯊魚的魚翅，卻不知魚翅中含有大量的水銀，真是作繭自縛啊！

9 鯊魚——打不贏就放電

在深遠的海底，由於不見陽光，所以常年都被黑暗所籠罩。

動物世界的臣民們強烈要求國王給牠們光明，正當國王為此事煩惱時，一個叫鯊魚的傢伙主動上門，說自己能發電，能點亮海底世界。

國王不太相信牠，於是牠就讓國王的貼身侍衛——烏賊來試探自己。只見牠用後背輕輕地碰了一下烏賊，可憐的烏賊大人頓時就顫抖起來，掙扎著斷了氣。

國王嚇得將魚趕走，並禁閉城門，不准牠再來王宮。從此，大家都很害怕鯊魚，不肯再靠近牠了。

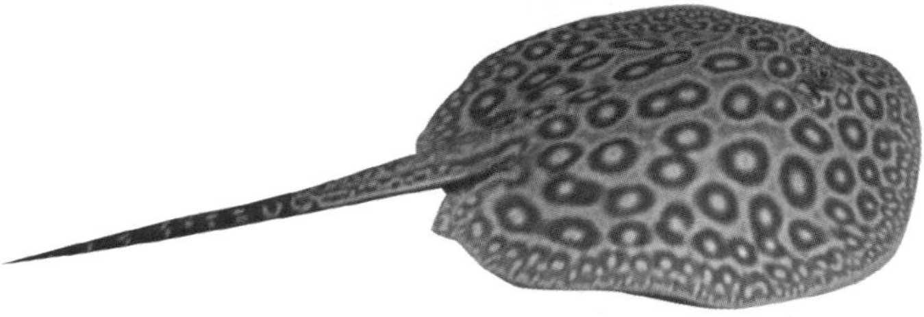

牠與鯊魚是同類

在一億八千萬年前，鰩魚的模樣和鯊魚是一樣的。可是鰩魚天生就沒有鯊魚那麼強壯，連一些比自己小的魚都打不贏。

為了生存下來，牠只好打伏擊戰，埋伏在海底的沙地裡，然後等待小魚小蝦靠近。

慢慢地，牠越來越懶了，竟然沒發覺自己的身體發生了變化。

牠的胸鰭變得像兩把半圓形的扇子，牠的尾鰭退化了，變成了一根又細又長的鞭子，鞭尾還長出了帶劇毒的紅刺，牠的腹鰭長出了腳趾頭的形狀，方便牠更有力地去掘土，好讓自己藏得更加隱蔽。

還是放電最有效

鰩魚以為沒有危險了，就成天在海底睡大覺，直到有一天，一些大型的深海魚發現了鰩魚的行蹤，把牠挖了出來，然後氣勢洶洶地想要吃牠。

鰩魚頓時慌張了，牠拚命扇動著胸鰭，想要逃走，誰知長期不運動的牠根本就遊不快，眼看就要被吃掉了！

情急之下，鰩魚想到了尾部的毒刺，牠慌慌張張地刺了敵人一下，敵人頓時疼痛難忍，撇下鰩魚逃命去了。

鰩魚心想：這樣下去可不行，早晚會被吃掉，還是去學一門防身術比較好。

於是，牠到處拜師，終於學會了放電的技巧，最多一次可以放出兩百二十伏特的電壓，威力相當於人類所用的電流。

再往後，每當牠遇到強敵，就會用尾巴兩側的一對紡錘形的發電器保衛自己，果然沒有人再敢欺負牠。

牠其實很溫柔

雖然能放電，還有毒刺，鰩魚卻很溫柔，不會輕易攻擊人類。不過，如果被牠的毒刺碰到的話，還是會有死亡危險的哦！

鰩魚平時吃吃貝類、螃蟹、龍蝦和烏賊，牠們的牙齒很厲害，能磨碎任何東西，哪怕是硬殼，也照樣能被牠吃下去。

可是大家都不理解鰩魚，因為鰩魚的腹部長了一張可怕的「臉」，再加上牠會放電，大家就喊牠「魔鬼魚」。

10 河魨——別被牠的可愛外表騙了

在魚類家族裡，有一個非常惹人疼愛的小寶寶，牠們非常害羞，一遇到危險就往肚子裡面吸氣，將身體吹得像一個圓圓的球，真是要多可愛有多可愛。

另外，牠的皮膚也超級好，非常滑嫩，所以人類很喜歡捕捉牠。聽說人類還會將牠燉成一鍋湯，哎呀，真是殘忍！

不過，可別被牠的外表騙了，其實牠有個厲害的身份，那就是製毒師！

說到這裡，大家應該很好奇牠是誰了吧，牠就是河魨，一隻既可愛又恐怖的魚。

牠的毒有多可怕？

河魨的體內含有一種河魨毒素，可以耐酸、耐高溫，而且是自然界最毒的毒藥之一。

人類只需要食用〇．五毫克這種毒素，就會死亡。

不過，河魨毒素會很快被人體排出，中毒的人只要超過八小時沒死，就有康復的希望了。

另外，還可以用加熱的方式去除河魨毒素。

當在一百℃的水中加熱四小時或在兩百℃的水中加熱十分鐘，河魨毒素的毒性就會消失，所以聽說人類還在拼死吃河魨，真是貪吃鬼！

牠的毒藏在哪裡？

河魨的毒都在牠的內臟裡，其中生殖器官的毒性最大，肌肉裡的最小。只要把河魨的內臟除去，一般來說，牠的肉是不會有毒的，但如果牠死了，牠的毒素會滲入肌肉中，所以也是很有危險的。

河魨媽媽的毒性比河魨爸爸要強，因為媽媽要保護自己的孩子，由於大家都知道河魨有毒，所以都不敢去碰牠們。

牠的毒有好處嗎？

河魨其實渾身都是寶，牠的毒素雖然令人害怕，卻也能作為一種藥，挽救很多人的生命。

目前，人類已經利用牠的毒素製成了戒毒劑、鎮靜劑等藥品，而當毒素被製成麻醉劑時，作用更是化學藥品的三千多倍！

此外，河魨毒素還能治療癌症，所以深受醫生們的喜愛。

人類為此出高價購買河魨毒素，一公克毒素的價格竟然高達十七萬美元，是黃金的一萬倍！

河魨會報復人類嗎？

既然人類這麼愛吃河魨，河魨自然很生氣，可是牠們沒有人力氣大，只好拚命造毒，讓人類加倍害怕牠們。

歷史上曾發生過人類被河魨戲弄的事情。

那是在中國的明朝末期，奸臣嚴嵩在八十歲時娶了一位山東漁家少女，他的下屬為了討好嚴嵩，特地在婚禮上準備了一頓河魨宴，招呼各位大官僚。

正當大家吃得高興時，突然有一位書生口吐白沫，倒在地上。

頓時，大家都慌亂了手腳，以為書生中毒了，不由哭天喊地。

嚴嵩急得要命，問小妾有什麼辦法，小妾說只能喝糞水，於是賓客們為了活命，只好往嘴裡灌臭水，搞得婚宴成了臭宴。

這時，書生忽然醒了過來。原來，他在吃河魨前上了個廁所，沒想到一回來就發現河魨被吃完了，不禁十分生氣，癲癇病發作了，結果鬧出這樣的笑話。

後來，河魨把這個故事講給我們聽，我們都笑得前仰後合，嘴裡都說：活該呀！

11

飛魚——誰說魚兒不如鳥

從前，有一只有遠大理想的魚，牠想像鳥兒一樣在天空中飛翔。

大家都笑話牠，覺得牠癡心妄想，可是牠沒有放棄，冬練三九夏練三伏，終於有一天，牠從水中一躍而起，宛如一道亮麗的彩虹，在空中劃過了一條美麗的曲線。

我們的國王非常欣賞牠，就賜給牠一個美名——飛魚，並任命牠擔任空中警戒，從此，再也沒有人敢笑飛魚了。

牠能飛多高？

飛魚的飛行本領可不是吹的，牠只要縱身一躍，就能離開水面十幾公尺，和一幢樓房差不多高。

而且，牠不會馬上回到水底，還會在空中停留一段時間，因為牠要執行警戒任務啊！

牠最長能停留四十秒鐘，當發現一切正常時，才會回到海底。

此外，牠不僅飛得高，還飛得遠，牠一次最遠能飛行四百多公尺。

牠靠什麼飛？

因為在長期的訓練中，飛魚的胸鰭被鍛鍊得十分發達，可以從胸部一直延伸到尾部，就跟鳥類的翅膀似的。當牠飛行的時候，會打開胸鰭，借助風的力量滑翔，遠遠望去，還真的很像鳥兒呢。

為了飛得高飛得遠，飛魚都長得很小，最大也只有四十五公分，因為太重了就飛不動了，所以牠不會忘記減肥。

另外，最重要的是，牠的尾巴又寬又硬，和胸鰭一樣大，在起飛之前，牠需要用大尾巴用力拍水，然後才能如一枝脫弦的箭一樣射向天空。

如果牠不小心弄傷了尾巴，就不能飛了，因為牠不是鳥，沒有鳥類那麼發達的胸肌，所以光靠胸鰭的力量是飛不起來的。

牠為什麼要飛？

最開始的時候，飛魚是不會飛的，加上個子小，所以經常受到金槍魚、箭魚等大型魚類的欺負。

為了逃避追趕，牠拚命提升自己的游泳速度，可是牠太小了，再怎麼努力都沒用。

有一天，一條旗魚從牠身邊經過，那箭一般的速度頓時讓牠傻了眼，牠這才明白，自己是游不過那些大魚的。

這時，一個念頭在牠腦海中升起：既然不能游，為何不飛到空中呢？這樣就能躲避敵人了！

後來，牠真的成功了！

牠住哪裡？

飛魚不喜歡寒冷，所以除了南北兩極，在世界各處的海洋中都能見到牠的身影。牠特別喜歡去美洲的加勒比海度假，在美麗的珊瑚島國巴貝多，飛魚成群結隊地在空中飛翔，成為這個島國的著名象徵，因此巴貝多還獲得了「飛魚島國」的雅號。

12 獅子魚——世界上最神秘的臥底

有句話叫做：知己知彼，百戰百勝。

我們的國王非常明白這個道理，所以牠很注意挖掘和培養臥底，經過一番挑選，適合在深海工作的獅子魚光榮上任。

獅子魚很認真負責，自從當了臥底後，我就幾乎看不到牠了。後來聽我那些深海的老朋友說，獅子魚正在幾公里的海底巡邏呢！那個地方我可不敢去，牠真是很神秘啊！

牠為什麼叫獅子魚？

獅子魚的學名叫蓑鮋，生活在熱帶海洋裡。

獅子魚身上有幾種顏色，非常美麗，其中最常見的獅子魚披著一件紅色和褐色相間的大衣，鰭是透明的，上面分布著黑色的斑點，看起來迷人極了。

另外，牠還長著很多鰭條，看起來就像在身上插了很多旗幟一般，威風凜凜的像一個將軍。

由於牠們的樣子特別像獅子長著鬣毛的頭部，所以被稱為「獅子魚」，還有人認為牠們的長相很像火雞，所以又叫牠們為「火雞魚」。

牠能下潛多深？

獅子魚是世界上能下潛最深的動物，最大深度竟然達到了七千七百公尺。

要知道，水也是有重量的，獅子魚在這個深度所承受的重量，相當於一千六百頭大象一起站在一輛小轎車的車頂上，這要是一般的動物，只怕早就被壓扁了，可是獅子魚卻若無其事，繼續在海底小心謹慎地偵查呢！

牠還有什麼絕招？

獅子魚體型不大，所以經常成為大魚捕食的目標。

既然叫「獅子」，牠自有勇敢的一面。

這時，牠會將身上全部的鰭條豎起，告訴對方：「不要惹我，我很厲害！」如果對方毫不在意，堅持要吞掉牠，就很容易被那些鰭條刺傷。

大自然往往有個規律，越是顏色鮮豔的動植物，就越有毒。

獅子魚的鰭條頂端含有毒素，且毒性非常強，只要牠輕輕一擠鰭條根部的毒囊，毒液就會注入敵人的體內，所以被獅子魚刺傷後的魚，只有死路一條。

牠喜歡吃什麼？

獅子魚平常吃螃蟹、蝦等甲殼動物，也吃小魚。

由於鰭很大，不利於游泳，牠們只能躲在礁石的縫隙裡，看準目標，然後像閃電一般地出現，用鰭條上的毒刺去刺獵物。

牠的毒素能毒暈甚至毒死小魚，就連人類被牠刺破皮膚，傷口也會疼痛難忍，所以被牠襲擊的獵物很快就不能動彈，而獅子魚也可以飽餐一頓了。

這種做法還真符合牠神神秘秘的性格呢！

13

電鰻——淡水中潛伏著「高壓線」

雖然鰩魚能放電，可牠的電力還不是最厲害的。

世界上會放電的魚不多，但各個都有本領，其中電鰻是本事最大的一個，有「水中高壓線」的稱號，牠輸出的電流可以電死一頭牛！

幸虧電鰻生活在淡水裡，我們海洋世界的國王總算可以鬆一口氣了，相反，河裡的國王就頭疼了。

為了安撫電鰻，河裡的國王讓牠坐了電力局局長的位子，不過電鰻的脾氣古怪，小小的官職是不能約束牠的，因為牠做事的方法只有三個字：看心情！

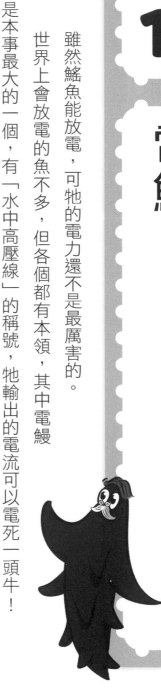

牠的電流有多強？

電鰻是魚類中放電最強的動物，輸出的電壓在三百五十伏特以上，而美洲電鰻的電壓竟然能達到八百伏特！

雖然牠放出來的電持續的時間很短，只有十～十五秒，但強就強在牠每秒能連續放電五十次。

放了那麼多次電，電鰻也有點累了，誰知牠只需要休息一會，就立刻恢復了重新連續放電的能力，所以不僅比牠小的魚受不了，連大的也會被電暈過去。

甚至人類也因電鰻的襲擊而身亡，因為人在水中被電後，會陷入昏迷狀態，從而溺水身亡。

牠的電是怎麼來的？

電鰻有占身體長度八十％的長尾巴，在牠尾部的兩側，有規律地排列著六千～一萬枚肌肉薄片，這些薄片就像一個個小電池，每個都能產生微弱的電流，然後加在一起，放出來的電就相當強了。

牠自己怎麼不被電？

大家見過電池嗎？

電池也能放電，但牠本身是不帶電的，這是因為電池的外殼能絕緣。

電鰻的身體也跟電池一樣，除了放電器官，牠身體的絕大部分和重要器官都被絕緣性高的構造包裹起來了，所以不會被電。

不過，如果牠待在空氣中，身體就承受不了電力，就會被自己電到了。

另外，牠身體兩側的絕緣體也不能被同時損壞，否則牠放電時會將放電器官給燒壞，哎，電鰻的事情告訴我們，玩電要謹慎啊！

牠為什麼要放電？

電鰻放電，首先是為了捕食，牠常常在晚上出門打獵，喜歡無聲無息地游向魚群，然後大展身手，電得魚兒們叫苦不堪。

牠的放電能力跟季節有關，在食物較多的春、夏兩季，牠的電力會相應增強。

另外，牠依靠放電來探測周圍的環境，碰到障礙物就會避開，但這樣的話，就說明牠一直在放電，在河裡的居民們，大家可要小心啦！

14

鮣魚——最會享受的旅行家

海洋世界有多大，我們都不清楚，甚至連我們的國王也沒有一個很具體的概念。

有一天，國王突發奇想，要找一位旅行家來製作地圖，可是大家都搖頭，說自己沒有力氣游那麼遠，唯獨一條小魚留了下來，說要報名。

牠就是鮣魚，最懶的魚，卻也是去過最多地方的魚。

為什麼呢？別急別急，馬上就告訴你！

牠有什麼特徵？

牠的身材很苗條，細細的，體長一般在二十二～四十五公分之間，最大的則有一公尺長。

因為個子比較小，所以牠的一切都很小巧。

在牠的腦袋上，有著最不同尋常的東西——吸盤，牠的吸附能力非常強，讓想吃牠卻反被牠利用的大型動物非常不滿。

就是靠著這個吸盤，讓鮣魚能不費吹灰之力，就可以旅行各地！

儘管那些大魚拚命扭動身體，想將鮣魚晃下來，鮣魚卻始終紋絲不動，還悠閒地唱起了歌，氣得大魚們鼻子都歪了。

牠吸在哪裡？

作為一個旅行家，鮣魚當然是喜歡吸附在大鯊魚、鯨魚和大海龜的腹部，然後周遊世界。

有時候，牠也會靠著人類的大船行動。

不過鮣魚的眼光似乎不太好，有時候，牠會將潛水的人也當成了魚，一個勁地往對方身上貼，搞得人類哭笑不得。

由於牠愛吸東西，所以就擁有了一些外號，如印頭魚、吸盤魚、黏船魚，有些人很喜歡牠，就稱呼牠為「天生旅行家」，據說牠自己也是相當喜歡這個外號。

牠為什麼愛吸東西？

還不是因為牠懶！

平時躲在大魚的身子底下，牠就吃一些浮游生物和大魚吃剩下來的殘渣，當大魚帶著牠到了餌料豐富的地方，牠才來了精神，奮力地從大魚身上掙脫下來，敞開了肚皮大吃一通。

有了大魚的保護，當然也沒有人敢來惹牠，所以這也是牠躲避天敵的好方法呢！

另外，牠的判斷力真的很不好，有時牠會跑進大魚的嘴裡或者鰓裡找東西吃，但那些魚也吃不牠，如果招惹到牠，牠會牢牢地吸在大魚的體內，到時可就麻煩了。

牠對海洋世界有什麼危害？

可別說我不滿意鮣魚的做法，其實我之所以覺得鮣魚做得不對，並不是說牠太懶，而是因為牠這個愛吸在別的動物身上的毛病很容易被人類利用。

人類太狡猾了，他們捕到鮣魚後就用鮣魚作誘餌，重新拋回海裡。

當鮣魚看見大魚過來時，又開始犯懶了，牠不顧一切地吸在了對方身上，結果人類一拉魚竿，牠就帶著大魚來到了人類手中。

看來，懶惰真是害人害己啊！

15 劍魚——游泳隊裡的第一名

在海軍中，有一位游速驚人的將軍，牠的速度超過了所有水中的動物，是我們崇拜的英雄，牠就是劍魚。

自從牠來到了軍隊裡，大家的士氣都很高漲，很多魚想超越牠，但都失敗了。

後來，在我們王國舉辦的運動會上，劍魚每次都能拿到冠軍，結果牠的名氣越來越大，連我這個老海參的採訪也不理了。

沒辦法，誰讓我的速度那麼慢，牠這個急性子才不肯等我呢！

牠為什麼叫劍魚？

劍魚的身體比較細長，背鰭很小，也沒有腹鰭，整個身體為棕偏黑色，如果沒有那張長長的嘴，牠看起來一點也不顯眼。

牠的上嘴唇如同一把寶劍，向外尖尖地凸出，長度占了身體的三分之一，讓人印象深刻，因此得了「劍魚」這個名字。

牠有多大？

劍魚的身體又短又壯，尾巴又細又扁，一般體長二．一公尺，身子很輕，在六十八～一百一十三公斤之間，比游速僅次於牠的旗魚輕了一半以上。

最大的劍魚能長到四．五公尺，體重也因此變成六百五十公斤，而且劍魚小姐比劍魚先生要大，不過一般情況下，牠們的身體還是挺小巧的，因為牠們深知：只有減肥，才能游得快！

牠的速度有多快？

牠最快能達到時速一百三十公里，當然，這得是短時間的速度，時間長了不行，因為動物一旦長期保持著很快的速度，身體就會產生極大的熱量，會讓牠們暈過去，甚至死亡。

在海洋生物中，劍魚是速度最快的魚類，其次是旗魚、金槍魚、大槽白魚、飛魚、鱒魚、海豚。

牠為何能游那麼快？

劍魚之所以長那麼長的嘴，可不是用來玩的哦。

牠的長嘴如同長矛一樣，能迅速分開海水，而牠的尾巴異常發達，彷彿一個高速推進器，推著牠快速前進。

其次，牠的身體很輕，而且沒有腹鰭的阻礙，身上的肌肉也很強壯，所以游動的時候宛如一支離弦的箭，嗖一下就消失得無影無蹤。

牠還有什麼本事？

劍魚的視力非常好，再遠的獵物，只要被牠看到了，就危險了。

牠的長嘴真的是一柄利劍，能把獵物撕成碎片，甚至能戳穿人類的船。

至今，在英國倫敦的博物館內，人類還保存著一塊被劍魚刺穿的厚達五十公分的船板。

另外，牠體內的肌肉和脂肪能為大腦和眼睛提供溫暖的血液，所以牠和其他魚不一樣，牠能夠到達寒冷的海區，所以在全世界牠都可以生存。

牠有什麼愛好？

牠喜歡避暑和避寒。

當夏季來臨時，牠就往較冷的地方游；當秋季來臨時，牠又去較暖的地方產卵，雖然牠不怕冷，但牠仍然最喜歡溫暖一些，而且深度在二百至六百公尺的地方。

牠喜歡吃各種魚，連金槍魚、飛魚、魷魚牠都吃。

牠在打獵的時候，喜歡上下游動，這樣的話，海裡的光線會變得忽明忽暗，讓獵物們頭暈眼花，然後劍魚就可以輕鬆地捉住對方啦！

16 鋸齒魚——勝利只屬於勇敢者

海洋裡有著很多巨大的藻類植物，是一部分居民的糧食，可是海藻太大了，要切成小塊很費力。

於是，王國裡就有了一個專門的伐木工——鋸齒魚，因為牠有一把鋒利的鋸子，只要有牠在，無論多大的海藻，都能被輕鬆解決。

國王心想，自己的王宮也需要翻新一下，有了這樣的工人，不就省了很多力氣嗎？

於是，牠就認命鋸齒魚為工程師，幫牠修房子。

不過，鋸齒魚以前可是沒有鋸子的，那牠的鋸子是從哪裡來的呢？

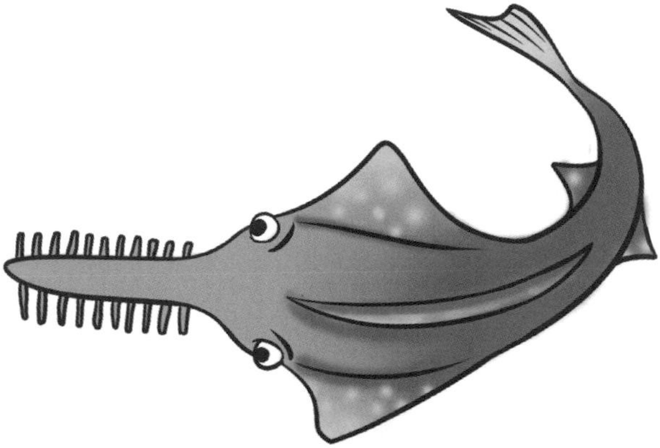

牠最初是什麼樣子？

在五千年前，鋸齒魚和現在的模樣差不多，牠的腹部扁平，有著長長的嘴和尖尖的尾巴，眼睛很小，還有兩對腹鰭和兩個背鰭，整個看上去，就如同一隻兩頭極細長的紡錘一樣。

鋸齒魚長得很小，才五十公分長，這個身材與其他大魚相比，簡直就是受欺負的命。而且鋸齒魚的性格很溫柔，不吃肉，平常只吃浮游生物和海藻，也不喜歡主動攻擊魚類，按照今天的說法，牠就是個老好人啊！

後來牠怎麼變了？

因為鋸齒魚脾氣太好了，所以很多魚就喜歡欺負牠。

今天鯊魚不高興了，咬牠一口；明天鯨魚不高興了，又咬牠一口。因為鋸齒魚的嘴特別長，大魚們在咬牠的時候，故意不咬別的地方，只咬牠的嘴，還笑話牠：「你的嘴巴好難看！」

鋸齒魚很傷心，為了躲避那些魚，牠拚命地練習游泳。

可是，牠始終遊不過那些兇惡的大魚，所以還是要被咬。

好在牠沒有放棄，依然努力地生存著。

有一天，牠發現自己的嘴發生了變化，上面變得坑坑窪窪，長滿了尖尖的鋸齒。原來，牠的傷口被長時間的啃咬，已經成了一件厲害的武器。

現在牠還受欺負嗎？

鋸齒魚有了鋸子後，牠變得很有信心了，每當牠遇到強敵，不會再慌慌張張地逃跑，而是勇敢地面對敵人，發起正面衝鋒。

大魚們沒想到鋸齒魚會反抗，不由大為吃驚，而更令牠們害怕的是，鋸齒魚的鋸子特別厲害，一拉就是一個大口子，疼得要死，嚇得牠們落荒而逃。

時間一長，再也沒有人敢欺負鋸齒魚了。

如今，鋸齒魚還學會了團體作戰，在面對比自己大上百倍的魚和水生動物，牠們也照樣敢進攻，即使是身披堅硬盔甲的鱷魚，只要被牠們襲擊，在一眨眼的時間裡，身體就會被切割成無數碎片。

鋸齒魚的勇敢事蹟，至今仍在王國裡流傳，我們都該向牠學習啊！

17 鱈魚——冰雪女王駕到！

在寒冷的南極，沒有魚敢去那裡，因為牠們知道，在冰天雪地中，自己一定會被凍成一根冰棍。

可是國王不高興，牠需要更大的地盤，所以哪怕是牠一輩子都不會去的南極，牠也要佔領。

後來，牠聽說南極鱈魚不怕冷，就把對方召進王宮問話。

當鱈魚小姐一出現，大家都驚呆了，只見牠披著銀灰色的大衣，看起來高貴極了，像個冰雪女王。

國王讓牠管理南極，可是南極本來就是鱈魚小姐的故鄉，牠乾脆叛亂了，立自己為女王。

國王很生氣，卻又無可奈何，誰讓牠不能忍受南極的寒冷呢！

女王漂亮嗎？

這位女王有點胖，這也不怪牠，自從牠自立為王後，就變懶了許多，成天只知道吃喝玩樂，也不注意保持身材，結果體重增加了不少。

如今，牠的身長超過了二公尺，體重達到了一百五十公斤，而牠的下屬也不過長四十公分，體重不會超過十公斤，相比之下苗條多了。

不過女王懂得用牠的大衣來遮住身材的缺陷。

牠的大衣是銀灰色的，像銀子一般閃閃發光，讓所有人都看花了眼。

美不中足的是，女王太貪吃，把這件珍貴的衣服弄髒了，於是大衣就帶上了一些黑褐色的斑點，真是可惜！

女王的宮殿在哪裡？

本來女王住的地方就寒冷無比，後來牠怕國王責罰牠，就又往更冷的地方搬去。

現在，牠住在南冰洋水面以下約六百七十公尺的地方，那裡水質很好，而且根本沒有其他魚敢游過來，所以牠很開心，加倍地吃個不停。

牠活動的區域終年平均溫度在零下幾十度左右，而其他最耐寒的魚，如劍魚，也只能忍受零下幾度的低溫，可見女王有多厲害。

女王為什麼不怕冷？

因為牠的血液中有一種特殊的成分，叫糖肌，糖肌能生成一種耐寒的物質，叫抗凍蛋白質。

當女王處在一個寒冷的環境中時，抗凍蛋白質就能讓牠周身的血液不被低溫凝固，並能夠保持流動狀態。

為了適應寒冷的天氣，牠的心臟每六秒才跳動一次，所以生長得非常緩慢，要到十三~十七歲才長大成人。不過心跳過慢也有好處，牠的壽命很長，能達到五十歲以上呢！

女王沒有敵人嗎？

我們的國王很生氣，牠找來了最可怕的敵人——人類來對付南極鱈魚。

人類一看到南極鱈魚就特別喜歡，他們可不是為了牠的大衣著迷，而是覺得南極鱈魚的肉質鮮美、細膩，吃起來特別美味，他們甚至誇讚鱈魚女王為「海中白金」。

我想女王肯定不喜歡這個稱呼，由於人類的貪婪捕撈，牠下屬的數量大大減少，讓牠愁得身子也變輕了。

雖然我並不支持南極鱈魚稱王，但牠現在的處境真的很危險，希望人們能樹立保護意識，別再欺負鱈魚小姐了！

18 笠頭螈——頭上頂了個大飛鏢

在動物世界中，有一位會放飛鏢的鏢師，牠後來成立了鏢局，專門幫大家押送貨物。

為了給自己做廣告，牠甚至在頭上也頂了個三角形的大飛鏢，告訴別人：我很厲害！

後來，王宮裡經常失竊，國王就把牠調進宮來當了護衛，牠也因此聲名遠揚。

牠是誰？原來，牠就是兩棲動物的祖先之一——笠頭螈。

牠長得有多奇怪？

因為頭上有個大飛鏢，很多人都很好奇，覺得笠頭螈會不會看起來很奇怪。

事實上，牠確實長得挺令人驚訝的。

本來，笠頭螈長約一公尺，眼睛小小的，還有一隻長長的尾巴，四肢很軟，每隻腳都有五個腳趾頭，長得和蜥蜴差不多，但奇就奇在牠的頭部兩側向外突出，最後變成了一個三角形。

牠的軀幹又圓又扁，讓牠看起來十分粗壯，牠的身上雖然披著鱗甲，但是非常光滑，牠的膚色一般為暗黑色，和現代的兩棲動物類似。

牠的飛鏢有什麼用？

為什麼寧願讓自己不好看，也要把飛鏢頂到頭上去呢？

笠頭螈有話要說：「我為了做生意，讓人家知道我有武功，我容易嗎？」

其實，牠的頭上長角，就會顯得腦袋特別大，當大型動物想吃牠時，由於感覺這麼大的頭無法吞咽，有些就會自動放棄。

所以，還有個原因笠頭螈沒好意思說，那就是牠想逃命啊！

牠喜歡做什麼？

笠頭螈特別喜歡吹牛，牠總是說自己有多能幹，有多勤勞，可是牠還不是整天趴在泥岸上睡大覺。

牠還喜歡游泳。雖然兩棲動物既可以生活在水裡，又能生活在陸地上，可牠還是比較喜歡留在水裡，因為牠游得很快，這又成為牠吹牛的資本了。

牠的祖先是誰？

笠頭螈是由兩棲動物的鼻祖——游螈進化而來的。

當年，游螈家族鬧分家，分裂成了兩個派別，一派演化成了身體細長的蛇狀兩棲動物；另一派則讓身體和頭部骨骼都橫向發展，讓身體變成了扁平狀，那就是笠頭螈。

大約在二．七億年前，分家成功，笠頭螈正式開始組建了新家，並躍躍欲試地想將家業壯大。

沒想到，牠實在沒有管理才能，在往後的四千萬年裡，牠的生活一天不如一天，成員也一天比一天少，最後，牠的家族就從地球上徹底消失了。

19 金箭毒蛙——最致命的迷人嬌娘

美麗的姑娘人人都喜愛，在我們國家，有一位最漂亮的姑娘，可是大家都不敢靠近牠。

牠就是生活在南美洲的金色箭毒蛙，牠的容貌天下無雙，卻劇毒無比，誰要是和牠握一下手，就會馬上死亡。

不過，金箭毒蛙因為擅長用毒，已經成了王國裡的毒師，聽說兩棲類動物還挺得意的，牠們覺得有了這位致命的美嬌娘，別的家族就不敢再來欺負牠們了。

牠有多迷人？

金箭毒蛙是箭毒蛙的一種類型，牠長得很嬌小，只有一～五公分，但是通體呈現蒼綠色、黃色和亮橙色，在熱帶雨林中十分顯眼。

牠的眼球如同黃金一般閃耀著美麗的金色，所以牠被叫做金箭毒蛙。

牠的四肢披著鱗片，而在牠那濕潤的背上，則分泌著令人膽寒的毒液，所以當你見到牠時，請記住：千萬不要碰牠！

牠有多毒？

箭毒蛙的毒性本來就很強了，輕則讓人的皮膚瘙癢發炎，嚴重的話會致人死亡，而金箭毒蛙的毒性，居然比一般箭毒蛙還要強二十倍！

一隻金箭毒蛙的身上大約含有毒素二毫克，牠的毒性到底有多強大呢？

如果你以為金箭毒蛙不過如此的話，請看以下的例子：

〇・二毫克毒素能殺死一個人；一毫克毒素能毒死十個成年人和兩頭非洲雄象；二毫克毒素能殺死二萬隻老鼠；一公克毒素可讓一・五萬人喪命。

甚至，只要摸了牠的皮膚一下，就能讓自己馬上死亡！

牠的毒從哪裡來？

金箭毒蛙身上的毒全靠從皮膚向外滲出，那麼這些毒液從哪裡來呢？

原來，作為製毒師，牠經常去野外採集毒藥。

牠最喜歡吃蜘蛛，然後將蜘蛛身上的毒吸收，轉化成自己的毒液。

所以，要想去除牠身上的毒素也很簡單，就是把牠隔離起來，讓牠無法接近任何有毒的物體，半年之後，牠就沒有毒性了。

可是，也只有人類有這個膽子對待牠，我們是不敢這麼做的。

牠有什麼特性？

金箭毒蛙雖然小，但是雨林會為牠源源不斷地提供殘翅果蠅、螞蟻和蟋蟀，所以牠不愁吃喝。

牠喜歡住在降雨比較多、海拔在一百～兩百公尺以內、氣溫在二十六℃的地方，牠有一個大家庭，爸爸媽媽、哥哥姐姐都住在一起，有了危險時，大家也可以相互關照。

此外，金箭毒蛙還有個最為奇特的行為，那就是牠會背著孩子上樹。

金箭毒蛙會挑選樹上的鳳梨科植物旁作為育兒地點，因為這種植物會用葉片營造出一個積水的「小池塘」，有利於金箭毒蛙的孩子——蝌蚪的長大。

金箭毒蛙會把卵產在水中，過了幾天，卵孵化成了小蝌蚪，金箭毒蛙媽媽就把蝌蚪寶寶一隻一隻地背在背上，然後一趟一趟努力地爬樹，讓蝌蚪掉進鳳梨科植物的水塘裡。

要知道，熱帶的樹木是非常高大的，通常有幾十公尺甚至上百公尺，而金箭毒蛙的個子是非常小的，牠還要來回不停地爬上爬下，真是個好媽媽呀！

20

樹蛙——「飛行」吧！青蛙！

這世界上沒有比兩棲類更全能的動物了，牠們既會游泳，又能在地上奔跑，真是全才呀！

但是，天空這塊領域，兩棲動物卻似乎沒法征服，因為牠們沒有翅膀，只能讓鳥類佔領。

不過，有一個動物不甘心，牠爬上樹，練就了一身滑翔的本領，成為唯一一個會飛的兩棲動物，也因此成為了海陸空三軍大元帥，牠就是樹蛙。

牠的模樣如何？

樹蛙的身體比較小，也很細長，一般披著綠色的外衣，這樣就可以與環境融為一體了。

樹蛙有很多種類，其中一種紅眼樹蛙最漂亮。牠有著如紅寶石一樣的美麗雙眼，四隻腳的腳趾也都是粉嫩的紅色，如同水果一般，讓人愛不釋手，所以牠就成了人類的寵物，聽說很受人類歡迎呢！

牠為什麼能「飛」？

樹蛙有四隻腳，後面兩隻腳比較發達，每隻腳的腳底都有一個大大的吸盤，可以保證讓牠們黏在樹幹上而不掉下來。

牠的腳趾之間有發達的蹼連著，當牠們「飛翔」時，就會張開腳趾，讓四隻腳變成四張「帆布」，然後借助風的力量飄到另一棵樹上，姿態極其優雅，像極了一個空中飛行家。

牠怎樣當媽媽？

樹蛙在熱帶及亞熱帶的樹林裡生活，雖然牠們在樹上活動，但兩棲類的血脈卻提醒牠們，如果生了孩子，就得先讓小寶寶長在水裡。

所以，樹蛙會在水塘上方的樹枝上產卵。樹蛙媽媽先排出液體，然後用腳拚命攪動，使液體變成泡沫，然後在泡沫裡產卵，而樹蛙爸爸則負責給產下的卵受精，整個過程需要兩個多小時，真的很辛苦。

當蝌蚪寶寶快要孵化時，那些泡沫會融化掉，然後寶寶們就掉進水塘裡，開始成長起來。

牠有什麼作用？

人類一直對樹蛙非常著迷，他們發現，樹蛙只要貼在樹上，就不會掉，而當牠離開樹木時，又能迅速離開，非常輕鬆。

人類便仔細研究了樹蛙的腳趾構造，發現樹蛙那大大的腳趾頭下，有能分泌黏液的組織，因此便模仿著發明了一種強大的黏合劑。

這種黏合劑就像吸水海綿一樣，能將兩個物體牢牢地黏在一起，而當牠被撕開時，又彷彿海綿被抽走了水分，能輕鬆地掙脫開來。

墨西哥的珍貴樹蛙琥珀

琥珀是松脂的化石，非常珍貴，而藏有小生物的琥珀就更稀奇了。

一般情況下，琥珀中包裹的都是小昆蟲，但墨西哥卻有一隻罕見的琥珀，其中包裹著一隻小樹蛙。

科學家發現，琥珀裡的樹蛙已經有兩千五百萬年的歷史了，而且牠的ＤＮＡ如果保存得好，人們甚至可以還原牠的本來樣貌。

21 玻璃蛙

——會活動的「玻璃球」

一說起兩棲動物，大家最先想到的是什麼？

肯定會有人說是青蛙。

的確，青蛙是兩棲類的典型代表，牠披著綠色的外套，身材苗條，一雙眼睛骨碌碌地轉著，像個小精靈。

青蛙有很多種類，長相也很不一樣，在拉丁美洲，有一種青蛙最惹人疼愛，牠就像一隻透明的玻璃球，讓人害怕一碰就碎掉了。

這個可憐的小乖乖是誰呢？牠就是玻璃蛙。

牠全身透明嗎？

其實，玻璃蛙的背部是綠色的，不算透明，但也不是純正的綠色，就像綠色的果凍一樣，讓人看得心都要融化了。

牠的腹部才是真正的透明，可以連骨骼、心臟、血管都看得清清楚楚，更神奇的是，連牠的卵也是透明的，就像一團透明的漿果一樣，看起來可愛死了！

牠長成什麼樣？

玻璃蛙的身體很小，才二～三公分，而牠一雙白白的眼睛又很大，還向外凸出，像個很無辜的小孩子。所以每當我看到牠時，都忍不住要抱抱牠，牠真是很惹人喜愛。

牠的身體和四肢都很細長，腳底也有發達的吸盤，所以爬起樹來絕對沒問題。

牠的家在哪裡？

玻璃蛙也會爬樹，所以牠要麼選擇住在熱帶雨林，要麼住在小溪和瀑布旁邊，有時為了躲避天敵，牠也會選擇雲霧繚繞的山上居住。

所以，牠的小寶寶也就有了不同的住所。

住在雨林裡和山上的玻璃蛙會讓牠的寶寶待在樹葉上，由於寶寶們會受到寄生蟲的危害，所以樹蛙父母會整日整夜地守在孩子身邊，直到孩子們孵化成蝌蚪為止。

至於在水邊生活的樹蛙父母，會把卵產在瀑布旁的大石頭上，同時要守護著卵，以免被偷吃。

當卵孵化後，蝌蚪寶寶們就會掉進瀑布裡。

玻璃蛙的寶寶擁有發達的尾巴，能在瀑布裡游來游去，所以不會有什麼危險。

牠喜歡做什麼？

平時，玻璃蛙喜歡伏在寬大的綠色樹葉上，一待就是一整天，由於牠幾乎全身透明，又是綠色，所以與樹葉混為一體，很難分辨。

到了晚上，牠才打起了精神，去捕食一些小昆蟲，而雄蛙也放開喉嚨大聲歌唱，希望能引起雌蛙的注意，與對方談場戀愛。

如果雌蛙被雄蛙吸引，牠也會唱歌來回應，這時候，樹林裡一片蛙聲，熱鬧非凡。

22 蟾蜍——渾身都是寶

雖然同樣是兩棲動物，可像樹蛙、玻璃蛙這樣的總是受到歡迎，而像蟾蜍那樣的，卻只有歎氣的份了，因為牠長得實在不好看。

兩棲動物總是皮膚裸露，皮膚靠分泌液體來保持濕潤，但蟾蜍的背上卻長滿了一個個疙瘩，裡面還有白色的毒液，看起來真是很怪異呀！

不過，蟾蜍雖然長得醜，牠的毒液卻有一定的威力，於是牠也成了製毒師之一，為王國製造毒藥。

可是人類卻不怕蟾蜍的毒，他們還說蟾蜍渾身都是寶，然後大量地捕殺牠。蟾蜍先生真可憐，牠的本事反而害了牠！

牠有多難看？

蟾蜍，也叫蛤蟆，身體像泥土一般呈現灰色，所以當牠待在水田裡的時候，很難能被人看出來。

牠的身上有很多小疙瘩，裡面藏著能分泌毒液的毒腺，所以牠不是無緣無故要長這麼醜的哦！

不過我覺得蟾蜍先生該減減肥了，牠也太胖了，身體像個皮球一樣圓滾滾的，真擔心牠會爬不動啊。

牠有什麼愛好？

牠的皮膚很容易變得乾燥，所以白天牠需要藏在濕潤的泥土和石頭下面，或者是草叢裡和水溝邊，黃昏時分牠才出來活動。

牠愛吃很多蟲子，如甲蟲、飛蛾、蝸牛、蚊蠅等。

牠不喜歡低溫，所以每年秋天，當氣溫低於十°C時，牠就會鑽進泥洞裡，不吃不喝，靠著體內儲存的物質來過冬。

等到來年氣溫回升，牠才會結束冬眠，重新活躍起來。

牠的寶藏在哪裡？

既然蟾蜍渾身都是寶藏，牠的「寶」在什麼地方呢？

首先，牠背上分泌的毒液是一寶。

牠的毒液叫蟾酥，有些毒性強的蟾酥能在四小時內將人殺死，夠厲害！

蟾酥為棕褐色的團塊狀物體，很硬，被人類做成了很多種藥，能治療血管疾病，在國際市場上，五公斤蟾酥能賣出一萬美元的高價，可見其有多珍貴。

還有一種寶藏叫「蟾衣」，是蟾蜍蛻下的一層皮，可以治療腫瘤。因為蟾衣太難得，人們乾脆把蟾蜍的內臟除去，然後將蟾蜍整個身體曬乾，真是好殘忍啊！

牠與青蛙有何不同？

蟾蜍與青蛙同屬蛙類，但二者並不一樣。

青蛙很愛美，牠寧願沒有毒性也不要自己的身上長疙瘩，相比之下蟾蜍就踏實多了，所以牠的身上總是很不光滑。

青蛙長得苗條，擅長跳躍，蟾蜍卻很肥胖，牠想跳也跳不動。

除此以外，青蛙的卵是堆在一起的，而蟾蜍的卵是串在卵帶上的，如一串長長的糖葫蘆，這是牠們最本質的區別。

23

翼龍——當鱷魚飛上天空

在恐龍稱霸的時期，陸地上有霸王龍，海裡有滄龍，兩大霸王都想擴大地盤，於是，牠們將目光一齊投向了牠們沒有征服的地方——天空。

在當時，天空是由翼龍控制的，面對兩位國王的盛情邀請，翼龍非常為難，牠誰都不敢得罪呀！

無奈之下，翼龍只好同時歸順了霸王龍和滄龍，成為一個雙面間諜，好在兩位國王都不知情，否則翼龍肯定會倒楣的。

牠的來歷

翼龍雖然名字中有龍，卻不是恐龍，但牠是恐龍的親戚，和恐龍同屬於爬行動物。

其實，牠是由地面上的鱷魚演化而來。

鱷魚在征服了河流、陸地和海洋後，還想佔領高山，於是牠們就開始爬懸崖峭壁。

可是高山實在太陡了，鱷魚們一次次地掉落下來。為了防止自己被摔傷，牠們在後腿和尾巴之間長出了一層薄膜，這樣當牠們掉下來的時候，就可以扇動這層薄膜，讓自己平穩著地。

時間一長，牠們的薄膜越來越大，宛如鳥類的翅膀一樣，於是，翼龍誕生了。七千萬年後，天空中才開始有了鳥類的身影。

牠的模樣

翼龍一般都有牙齒，但最大的一種翼龍卻不長牙。

體型小的翼龍只有麻雀一般大小，而大的翼龍卻如同戰鬥機一般，翅膀張開能達到十六公尺。

翼龍的腦袋和鳥一樣，雄性翼龍頭上還頂著美麗的頭冠，牠有四根手指頭，其中前三根成了爪子，而第四根則與牠的飛行膜相連，起到了對翼膜的支撐作用。

在翼龍生活的一．五億年間，牠的尾巴不斷縮短。侏羅紀時期，牠還有一根長長的尾巴，到了白堊紀，牠的尾部變得很短，甚至沒有了。

牠的習性

翼龍是恆溫動物，也就是說，一旦自然界的溫度升高或降低，牠就發燒或者感冒。

翼龍並不會像鳥一樣扇動翅膀，牠只會滑翔，所以牠只能住在湖泊和大海的旁邊，平常在自己的住所附近盤旋，捕捉空中的昆蟲及水裡的小魚小蝦來吃。

牠的繁殖

翼龍也跟鳥一樣產卵，牠經常把卵產在湖泊或海灘的沙地上，如果牠心情好，牠也會孵卵和照顧孩子。

只要小翼龍能長大，就相對安全了，可是在牠們很小的時候，由於不會飛，而且個頭小，很容易成為食肉恐龍的美餐，真是可憐啊！

24 海龜——看看誰是憋氣冠軍

要問世界上能憋氣憋最久的動物是誰？我猜大家一定都想像不到，那就是看來很笨重的大海龜。

海龜平時無論是走路還是游泳，都慢吞吞的，可是牠一口氣居然能憋十小時，真是令人驚歎！

和牠相比，哺乳動物的憋氣能力就差多了，比如鯨魚最多才能憋八十五分鐘。

國王見海龜有這個本事，非常高興，就讓牠當了消防隊長，專門在因火山噴發而充滿毒氣的地方搜尋倖存者。

可是，我們都覺得海龜做不好這個工作，牠的性子那麼慢，怎麼可能去救災呢？

海裡的老壽星

海龜在二億年前就出現了，也是我的老朋友了，而且牠和我一樣，行動都比較緩慢，所以我們都挺能談得來。

不過牠有一個優點讓我很羨慕，那就是壽命長。

牠是地球上壽命最長的動物，能活到一百五十二歲，這個數字還被人類載入了《世界吉尼斯紀錄大全》，看來人類對牠也很羨慕。

沉重的盔甲

海龜的軀幹藏在龜殼裡，牠的殼如同心形，上面有一道一道的紋路，彷彿被拼湊起來一般。

陸地龜可以將身子全部縮進殼中，可海龜做不到這點，牠的殼只能保護牠的身子不受敵人傷害。

幾乎所有的海龜都有殼，可有一種叫棱皮龜的海龜沒有，棱皮龜的背部只有一層堅硬的皮。

海龜與大型魚類差不多長，但是很重，因為牠要背著一副沉重的盔甲，所以也就不難理解為什麼海龜的行動特別緩慢。

我想慢一點應該是有好處的，要不然牠怎麼會活那麼長時間呢？

沒有牙齒的嘴

海龜是沒有牙齒的，但是牠的下嘴唇如尖鉤狀，向上凸起，所以牠的嘴能嚼碎不少東西。

海龜分三類：草食、肉食和雜食。

草食海龜的嘴像一把小鋸子，能輕鬆地切割海草和海藻；肉食海龜則以帶殼類動物、水母、烏賊和珊瑚為食。別看牠沒有牙，嚼起貝殼來照樣易如反掌。

海龜的眼淚

海龜一上岸就流眼淚，讓我在很長時間都驚訝萬分。後來我才明白，原來牠在吃東西時，會吞下很多海水，而海水中含有大量的鹽分，所以那些鹽就聚集在海龜體內了。

怎樣把這些鹽排出去呢？

海龜用了流淚的方法，讓淚腺旁邊的一些特殊腺體來排鹽，所以當我們看到海龜眼睛裡冒出晶瑩剔透的東西時，千萬別以為是眼淚，那是鹽啊！

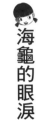

25

壁虎——動物界也有輕功高手

動物世界的高手很多，有的以速度取勝，有的以力量佔據優勢，但唯有一種動物會輕功，因此也就成為了國王的專業輔導老師，牠就是壁虎。

壁虎的個子不大，所以很適合練輕功，牠能飛簷走壁，就算是懸崖峭壁也照走不誤，而且速度極快，看來我也得找牠學幾招，讓我走得更快點。

牠的模樣如何？

壁虎一般長十二公分，牠的尾巴就占了身體的一半長度，牠的身體是扁平狀的，鼻孔挨著嘴巴，身體的背面全部被灰棕色的鱗片覆蓋，牠的背上有五～六條寬闊的橫紋。此外，四肢和尾部也有間隔的橫紋，讓整個身體像是一節一節拼起來似的。

牠有耳朵，確切地說應該是耳洞，不過，牠的兩個耳洞中間是空的，什麼也沒有，真不明白牠要長耳朵做什麼。

牠有什麼喜好？

壁虎喜歡在晚上出沒，白天則躲起來睡大覺。

在夏天和秋天，牠常常爬上牆壁，以閃電般的速度襲擊蒼蠅、飛蛾、蚊子等昆蟲，所以對人類貢獻很大。

牠還喜歡切斷自己的尾巴。

當牠遇到強敵時，牠就讓尾部肌肉劇烈收縮，使尾巴斷掉，此時，斷尾往往還會不停地亂動，吸引敵人的注意，而壁虎則趁機逃走。

壁虎會在體內分泌一種激素，刺激尾巴再生，所以不用過多久，牠的尾巴又會長出來了。

牠為什麼會輕功？

壁虎的腳趾頭又扁又寬，下面有很多橫向的褶皺，還附帶有無數極細小的毛狀突起。

這樣的組合，令牠的腳成了一個大大的吸盤，能夠住物體上的不規則平面，所以，牠甚至可以在玻璃上行走，而不用擔心掉下來。

牠有沒有毒？

中國古代流傳壁虎尿有劇毒的說法，如果滴到人眼睛裡會讓人失明，滴到人身上會導致皮膚潰爛，而吃了壁虎爬過的東西會死亡，因此將牠稱為「五毒」之一。

其實，只有少數品種的壁虎是有毒的，絕大多數沒有毒。

不過也不能太大意，如果是有毒壁虎的尿液沾到了人身上，還是得馬上清洗，否則輕則會讓皮膚壞死，嚴重的可能真的會死亡呢，所以謹慎一點是絕對沒有錯的。

26 軍艦鳥——快！再快些！

世界上速度最快的是哪種動物？劍魚？還是獵豹？

其實都不是，最快速的動物來自於空中，牠的名字叫軍艦鳥。

光聽這名字，是不是覺得就很威風？

沒錯，牠就是我們王國大名鼎鼎的空軍司令，只要有牠在，無論空中遭遇什麼危險，牠都能輕鬆解決。

牠長得什麼樣？

軍艦鳥是大型海鳥，當牠翅膀張開時，兩翅之間的長度能達到二．三公尺，體重卻很輕，僅為一．五公斤。

牠全身披著黑色的羽毛，嘴巴又長又尖，末端還向下彎曲，如同一個鉤子似的，尾巴細長。在喉嚨那裡，有一個喉囊，當牠捉到魚卻不急於吃時，可以把魚裝在喉囊裡儲存起來。

雌鳥的個頭要比雄鳥大，雄鳥的嘴巴是黑色，喉囊是鮮豔的紅色；雌鳥的嘴卻是玫瑰紅色，而胸腹都是白色。

牠能飛多快？

軍艦鳥是地球上速度最快的生物，時速能達到四百一十八公里，是劍魚的三倍多，也是速度最快的鳥類。

不過，軍艦鳥無法長時間地保持高速，相比之下，牠的勁敵——雨燕卻能長途飛行，而且能以一百一十公里每小時的速度飛行上萬公里。

軍艦鳥的飛行高度也很驚人，能達到一千兩百公尺的高度，不僅如此，牠還能在空中自如地活動。

更讓人佩服的，是牠的堅毅精神，牠能在十二級颱風中照飛不誤，毫不害怕會被風捲走，真的很有司令的風範。

牠有什麼壞毛病？

軍艦鳥喜歡從別的海鳥口中搶奪獵物，像個強盜一樣，因此牠還有個稱呼，叫「強盜鳥」。

其實，軍艦鳥之所以愛搶別人的獵物，是因為牠的羽毛不能像其他海鳥一樣分泌油，所以沾不得水，否則就要被水淹死了。

有時候，牠也會突發興致，捕捉一些魚和水母，牠也會跑到陸地上去吃一些動物的腐屍。但不用花費力氣，就能吃到美食，豈不是好事一樁？所以，牠最喜歡的，還是去搶奪獵物。

牠有什麼喜好？

軍艦鳥是特別愛乾淨的，每當牠吃完東西，都會在海面上清潔一下自己。

牠還喜歡熱鬧，覺得大家在一起生活才會快樂。好玩的是，那些白天被牠搶過東西的鳥，到了晚上也和軍艦鳥住在一起，充分說明大家對這位將軍的喜愛程度。

此外，在繁殖期，雄鳥的喉囊會變得非常鮮豔，並且膨脹得大大的，吸引雌性與自己交配。當雌鳥產下蛋後，雄鳥的喉囊才癟下去，並且變成了暗紅色。

看來為了結婚，軍艦鳥真的很注重打扮自己呀！

27

鴕鳥——幸好牠還有腳

在鳥類發展史上，出現了這樣一個規律：越是個子大的鳥，越不會飛。

這個規律在現存的最大的鳥——鴕鳥身上也應驗了。鴕鳥有寬大的翅膀，可牠一點也飛不起來，牠只能用兩隻腳跑步。好在牠的腳夠粗壯，居然跑出了九十公里的時速，和陸地上最快的動物——獵豹相差無幾。

牠又高大，跑得又快，是當騎兵的最佳人選。很多媽媽也經常拿牠舉例，教育自己的孩子：有缺陷沒關係，只有你有一技之長，照樣可以取得成功！

牠到底有多大？

鴕鳥一般身高一．七五～二．二七公尺，少數能長到三公尺，體重在六十～一百六十公斤之間。

這麼龐大的身軀，肯定是飛不動的，但鴕鳥不會飛的真正原因在於牠的胸骨扁平，鎖骨退化，龍骨不突出，沒法像其他鳥一樣借助胸骨的力量來飛翔。

牠長什麼樣？

鴕鳥每隻腳只有兩個腳趾，其中一個腳趾有爪子，另一個則沒有，牠的羽毛很蓬鬆，且均勻分布，只能用來保溫，不能用於飛行。

雄鴕鳥的模樣與雌鴕鳥有著很大不同。

雄鳥全身羽毛為黑色，當牠翅膀張開時，半圓形的尾羽末端鑲著一圈白色的羽毛，宛如一隻優美的羽毛扇，牠是用來吸引雌鳥的武器。

雌鳥就平凡了許多，牠的翅膀退化了，羽毛是棕灰色的，看起來一點也不顯眼。

牠愛吃什麼？

鴕鳥是雜食動物，牠愛吃花草、葉子、種子和植物的果實，但有時遇到蜥蜴、小蛇、小鳥和一些昆蟲時，也會吃得津津有味。

由於牠消化能力很差，所以牠會在進餐時吃一些沙粒到胃裡，沙粒可以磨碎牠肚子裡的食物，所以鴕鳥很聰明。

牠會把頭埋進沙子裡嗎？

很多故事都把鴕鳥描寫成膽小鬼，說牠在遇到兇猛的食肉動物時會把頭埋在沙子裡，以為自己就安全了。

可是，鴕鳥如果把頭埋起來，牠還怎麼呼吸呢？

事實上，鴕鳥確實很膽小，但牠在遇到危險的時候，會採取兩種方法來應對，一種是用強壯的腳去踢對方，另一種是邁開步子，拚命地向遠方逃去，所以我們以前都誤會鴕鳥了。

牠有什麼奇特的地方？

鴕鳥最奇特的地方，在於牠的繁殖方式。

一隻雄鳥可以找幾個「老婆」，然後老婆們將鴕鳥蛋都產在一個坑裡，就結伴著去逛街了，留下雄鳥一個人在坑上孵蛋。

鴕鳥爸爸從此就開始吃苦受累，還要成天擔心。因為沙漠裡有很多動物喜歡偷鴕鳥蛋，比如天上有禿鷹，地上有胡狼等，好在經歷四十天後，小鴕鳥破殼而出，鴕鳥爸爸的辛苦終於有了回報。

28

蜂鳥——空中倒車沒問題

鳥類的飛行技術讓我們羨慕，但沒想到鳥兒們也有羨慕的偶像，那就是蜂鳥。

為什麼蜂鳥會讓大家關注呢？

這是因為，牠的飛行技巧非常高超，可以上下翻飛，甚至牠還能倒著飛！

這是其他任何鳥兒都不會的本事。

所以牠成了空軍訓練師，儘管牠個頭很小，卻憑著出神入化的飛行技巧贏得了我們的一致尊敬。

特殊的飛行絕招

沒有誰敢跟蜂鳥比飛行的本領，因為牠可以倒退著向後飛，還能垂直起落。牠甚至可以表演靜止這個節目，懸在空中四～五分鐘，除了翅膀在動外，身體沒有任何移動。

這是因為，蜂鳥的胸肌與全身肌肉的比例在鳥類中是第一，而且牠能快速地扇動翅膀，所以牠具備了別人沒有的技能，也獲得了很多榮譽稱號，比如神鳥、彗星、花冠、森林女神等。

加速的翅膀和心臟

蜂鳥之所以有這些奇招，與牠翅膀的扇動頻率是分不開的。

蜂鳥在採集花蜜時，由於保持在空中不動，牠不得不每秒扇動翅膀四十～五十次，有些蜂鳥甚至每秒能扇動八十次。

如此大的運動量，心臟會受不了的，像藍喉蜂鳥，牠的心臟每分鐘就跳一二六〇次。

心跳加速可不是一件好事哦！

因此，蜂鳥的壽命很短，只有四～五年，壽命最長的藍胸蜂鳥也只有七～八年，真令我同情。

最小的鳥類

蜂鳥中的麥粒鳥是世界上最小的鳥，牠只有五．六公分，和一隻蜜蜂差不多大，牠的嘴巴和尾部的長度就占了身體的一半，看來牠的飯量應該不大。牠的體重是二公克，產下的卵比一顆豆子還小。

和其他蜂鳥一樣，牠的羽毛也十分鮮豔，並帶著金屬的光澤，看來蜂鳥雖小，心卻很大，牠們不喜歡被忽視啊！

超強的記憶力

蜂鳥體型小，運動量卻極大，所以每天要消耗比牠們身體大得多的食物。為此，牠們必須保證每天能採花數百朵。如果沒有完成任務量，牠們只能餓肚子了。

為了保證食物充足，蜂鳥擁有了一個很好的記性，牠能記住自己吃過的食物的種類，還能記得自己吃飯的時間和地點。

原來，要探索新的食物來源，對蜂鳥來說意味著牠又要餓很久的肚子了，牠可不想再費力氣。

蜂鳥的記性到底有多好呢？

牠居然能記住八種不同類別的鮮花分泌花蜜的規律，真的很讓人驚歎。

29 高山兀鷲——牠飛的比世界最高峰還要高

在地球上，有兩個地方是絕大多數動物無法征服的，一個是南極，一個則是有著「地球屋脊」之稱的珠穆朗瑪峰。

珠穆朗瑪峰有八八四八公尺，那裡空氣稀薄，極其寒冷，動物們還沒到峰頂就會被凍僵，所以大家都不肯爬雪山。

不過，有一種鳥不怕雪山，牠甚至能飛得比雪山還高，牠叫高山兀鷲。

國王封牠做雪域大將軍，可聽說牠並不願意聽命於我們的皇帝，沒辦法，有本事就是這麼任性啊！

牠長什麼模樣？

高山兀鷲的個子很大，有一．二～一．五公尺長，所以牠也很重，有八～十二公斤。作為一種大型猛禽，牠的嘴巴帶著尖鉤，那可怕的鉤子居然有七～八公分長呢！

牠愛剃寸頭，平時只留一些很短的汙黃色羽毛在腦袋上，牠披著一件帶大羽毛領子的黃褐色大衣，衣服上鋪展著白色的花紋。

牠的爪子退化得很厲害，所以牠不能去抓獵物，不過這也是個優點，當牠在地面上跳舞時，牠就不會被絆倒了。

可是誰會欣賞牠的舞姿呢？

牠平時飛多高？

高山兀鷲的飛行高度一般在六千公尺以上，是世界上飛得最高的鳥類，唯有大天鵝能跟牠競爭。

所以，只要有高山的地方，就是牠的家。

住在喜馬拉雅山上的高山兀鷲比較危險，因為有些山峰的高度不止六千公尺，如果牠飛得太低，就會一頭撞在陡峭的冰崖上，讓自己丟了性命。

後來，高山兀鷲勤加苦練，越飛越高，終於有一天，牠發現自己竟然飛過了世界最高峰，讓全世界都拜倒在牠的腳下。

牠愛吃什麼？

雖然牠樣子很兇，但實際上牠是不殺生的，牠只吃屍體和腐肉。

牠的視覺和嗅覺都很靈敏，能聞到幾公里以外的腐爛的味道。

當發現有死去的動物時，牠就用嘴把屍體的內臟拖出來，然後把肉撕成一塊一塊吃下去。

由於牠要把頭鑽進死屍的肚子裡，所以牠不能留頭髮，否則會讓細菌進入牠的羽毛裡，為了保持健康，也只有犧牲形象了。

如果食物嚴重缺乏，牠也會吃一些青蛙、蜥蜴、小鳥和大昆蟲，好讓自己不再忍饑挨餓。

牠有什麼特性？

高山兀鷲住在亞洲東部和南部，牠很戀家，不會離開出生地。

牠把巢穴建在高高的懸崖上，而且就算巢穴舊得不能用了，牠也不回丟棄，而是想盡辦法去修復，直到自己的窩煥然一新為止。

牠在每年的二～五月繁殖，每次只生一個白色或淡綠白色的蛋，不過有兀鷲媽媽的照顧，雖然孩子少，但存活的可能性會非常高。

高山兀鷲還是個藝術家，牠的眼睛不止用來打獵，還用來發現美麗的東西。

牠喜歡用像劍一樣細長的藏羚角來做窩，有時竟然會收集一百多枚羚角，所以牠的窩又堅固又有藝術氣息，實在讓人佩服。

30

蘇美尼獸——二億年前的猛獸在爬樹

在如今的地球上，只有幾種獸類會爬樹，比如貓、豹子，其他哺乳動物只能望著樹歎息了。

其實，早在二．六億年前，就有一個猛獸學會了爬樹，牠也是最早會爬樹的哺乳動物，牠的名字叫做蘇美尼獸。

自從蘇美尼獸上樹後，牠就成了王國裡的特種兵。

牠的任務，就是維護空中的治安，解決一切突發狀況。

牠長什麼模樣？

蘇美尼獸的樣子其實和恐龍差不多，牠也有四條腿和一條長尾巴，但有一些地方和爬行類動物不同，牠的腿特別長，長度幾乎是牠身軀的一半。

牠的身體很小，只有五十公分長，看起來對很多動物都沒有威脅，不過牠嘴裡依然長著牙齒，所以也是個食肉動物。

牠為什麼會爬樹？

蘇美尼獸的手指特別細長，而且向裡彎曲，就跟鳥類的爪子一樣。不過，鳥的爪子特別脆弱，而蘇美尼獸的腳趾卻被一層硬殼包裹著，所以非常堅韌，能夠緊緊抱住樹幹而不掉下來。

另外，牠的四隻腳都長有一個比較粗壯、與其他趾頭呈分叉狀的腳趾，跟人類的大拇指很像，這樣的腳趾能讓牠在爬樹時，可以死死地「握」住樹枝，從而避免了下落的危險。

牠有多出名？

作為已知的最古老的樹棲動物，蘇美尼獸一直受到我們的崇拜，聽說人類也非常佩服牠，經常寫書讚美牠。

蘇美尼獸最開始在陸地上生活的時候，經常遭受恐龍的攻擊，後來牠們腿長長了，就開始往樹上跑，結果成功地存活了很久。

在牠出現後的一億年間，再沒有第二個哺乳動物能往樹上爬，這更加說明爬樹是一門很難學會的本事，蘇美尼獸真的很了不起啊！

31 始祖馬——會「伸縮術」的魔術家

飛馳的駿馬是我們王國的運輸兵，牠們體力很好，速度也很快，沒有誰能比牠們更適合長時間行動了。

在六千萬年前，馬的祖先——始祖馬並沒有想過自己有一天會這麼受歡迎，當時牠的個子還很小，跟一個狐狸差不多大，後來牠不知從哪裡學會了伸縮術，一點一點地長高了。

大家都覺得很稀奇，經常請牠表演魔術，所以牠當時是個很有名氣的魔術家呢！

牠原先有多小？

在一八七六年，有個美國科學家發現了始祖馬的頭骨化石，由於化石的牙齒特別小，他還以為始祖馬是只兔子。

其實，始祖馬比兔子要大一些，牠長六十公分，高二十公分，和狗的體形相當。

不過，牠的頭比較長，還有四十四顆適合吃草的牙齒。

牠的前足有四隻腳趾，後足有三隻腳趾，生活在森林裡。

牠的魔術有多神奇？

始祖馬最開始在森林的地面上啃嫩草，當草被啃光後，牠覺得吃樹葉和水果也是個不錯的選擇。

可是樹葉長在高處，牠搆不著，所以，牠就需要變魔法了。

於是，牠變得像羊一樣大，還讓自己的前後足都變成了三個腳趾，不過，牠的中趾明顯變大，有助於牠更快地跑動。

後來，始祖馬覺得樹葉還是沒有草好吃，為了尋求美味的食物，牠來到了草原上。由於草原太遼闊，個子小奔跑會累死的，所以始祖馬又搖身一變，變得更大了，還讓牠的中趾更加發達，而其餘腳趾則消失了。

最終，始祖馬變成了現在的樣子，牠的腳趾成為了堅硬的蹄子，身高也達到了二公尺，牙齒變得更長、更方便咀嚼，這下牠高興了，就不肯再變回去，成天就以高大的個子在我們面前跳來跳去。

牠住在哪裡？

始祖馬是在北美森林裡誕生的，但為了食物，有一部分始祖馬來到了歐亞大陸，其餘的則留在了北美。

在遠古時代，牠一度還跑到了南美洲，可南美洲的始祖馬不適應異鄉的環境，不久後全部病死了。

如今，北美的馬數量非常稀少，只有在歐亞大陸的始祖馬子孫過得很滋潤。四千年前，人類還馴服了野馬，從此，馬就闖入了人類生活，用牠的鐵蹄在廣闊的土地上馳騁，也讓我們見識到了牠除「伸縮術」外的其他本事。

32

鏟齒象——動物界中的「排雷兵」

動物世界中也有鬥爭，而且作戰手段越來越高級了，讓弱小的動物們都很害怕。

國王聽説人類有個邪惡的作戰方法——埋地雷，牠擔心有動物也會跟著學習，就任命鏟齒象為「排雷元帥」，排除地面上的各種危險。

當鏟齒象出現時，我們大家都快暈過去了：這頭象長得也太奇怪了吧？牠怎麼有兩顆大鮑牙啊？

不過鏟齒象説了，牠是靠本事吃飯的，不在乎長相，後來我們也領教了牠的實力，這才從驚訝變成了對牠的深深敬仰。

牠的鮑牙有多奇怪？

一般人的鮑牙長在嘴巴的上方，可是鏟齒象的卻長在下方，而且更奇特的是，牠的鮑牙不在嘴裡，而在下巴上哦！

原來，為了方便鏟土和採集食物，鏟齒象的下巴變得非常長，可光有長下巴也不頂用啊，所以牠得在下巴的末端裝兩顆大門牙來協助進食。

既然下巴長了，鼻子也得跟著長，不然還怎麼把食物夾起來呢？所以牠就有了一個長長的鼻子和下巴，以至於牠那兩根尖尖的象牙都顯得不那麼長了，像兩個多餘的東西掛在嘴邊。

當然，鮑牙歸鮑牙，鏟齒象還有別的牙齒哦。牠嘴裡的牙齒可以用來嚼東西，只是因為藏在鼻子和下巴里，所以才跟沒有似的。

牠有幾個兄弟？

在一千多萬年前，鏟齒象活躍在地球上的各個地方，牠有兩個兄弟，分別住在不同的地方。

三兄弟長得雖然很像，但也有小小的區別。

大哥叫板齒象，牠的齙牙比較短，但很寬；二哥就是鏟齒象，牠的齙牙又長又窄；小弟叫鋸鏟齒象，牠齙牙的最上端有凹凸不平的鋸齒，不僅可以鏟東西，切東西的本事也很強。

牠的房子建在哪裡？

一般來說，鏟齒象很喜歡在水邊蓋房子，因為水裡有豐富的水生植物，牠能用像鏟子一樣的牙將水草切斷並鏟起，然後用長鼻子將食物送入口中。

後來，牠發現自己的齙牙還可以鏟土，就在北方的乾旱地區也住了下來，並且用牙鑣了一口井，這樣牠就不怕沒有水喝啦！

33

駱駝——沙漠裡的小舟

在極度炎熱的沙漠裡，幾乎所有的動物都無法生存下來，就像我這個老海參，估計在那裡不到一分鐘，就會被烤成海參乾了。

即便有些動物能夠在沙漠裡生活，牠們也是白天藏在沙土裡避暑，晚上才出來活動。

可是，有一種動物卻敢大搖大擺地在冒著熱氣的沙子上行走，牠就是有著「沙漠之舟」美稱的駱駝。

牠是沙漠的衛士，我們心中的勇士！

牠為什麼不怕乾旱？

沙漠裡的溫度是非常高的，這裡白天能達到七〇～八〇℃，在陽光炙熱的烘烤下，一切水分都會被蒸發掉，植物也沒法生存，那駱駝是怎麼做到不吃不喝照樣行動自如的呢？

原來，牠的胃分成了三個「房子」，其中的一個房子能儲存水分，而牠的駝峰中貯存著脂肪能提供給牠充足的能量。

所以，當駱駝在行走時，牠的身體就像一個小型超市，裡面裝滿了食物，自然就不怕乾旱了。

牠還有哪些抗旱的裝備？

駱駝的耳朵裡有細長的絨毛，當風暴刮起時，能阻擋風沙入耳，牠的眼皮上還有濃密的長睫毛，同樣能抗風沙。

此外，牠的鼻子像兩道門一樣，居然能自由地關閉。

沙漠裡都是軟軟的沙子，一不小心陷下去怎麼辦？

駱駝不怕，牠有一雙又厚又軟的腳墊，可以走得很平穩，另外，牠還是熟悉沙漠氣候的專家。每當有風沙快刮起的時候，牠就會跪下躲避，而牠的預測都是百分百準確的。

牠的祖先竟住在北極？

早在一千萬年前，駱駝就出現了，當時牠的體型比現在大了三十%，而且逐漸向北極搬遷。

奇怪，牠難道不怕冷嗎？

其實，在三百五十萬年前，地球的氣溫很高，即使在北極，溫度也跟溫帶的夏季差不多高，所以駱駝一點都不覺得冷。

可惜，兩百五十萬年前，冰河時代來了，北極開始下雪，白茫茫的雪地非常晃眼睛，駱駝沒有辦法，就長出了高高的眉骨，用來擋光。

後來，牠實在忍受不了寒冷，就搬家去了亞洲和非洲，還有極少一些去了大洋洲，所以現在只有這三個大洲有駱駝存在哦！

牠是怎樣征服沙漠的？

駱駝分兩種，一種是背上有兩個駝峰的雙峰駝，一種是只有一個駝峰的單峰駝。

在兩千年前，單峰駝被阿拉伯人馴服，並在沙漠中住下來。

後來，羅馬人讓單峰駝帶著戰士穿越沙漠去巡邏，可單峰駝不夠強壯，無法完成這個任務。

一千六百多年前，雙峰駝被帶到了非洲，接替了單峰駝。從此，人類就與牠成了好朋友，一起去經商，做出了很多事情。

34

蝙蝠——唯一能飛的哺乳動物

哺乳動物是上天的寵兒，牠們有著比爬行動物、兩棲動物更發達的腦袋，身體的構造、功能也更加複雜。

不知是不是因為上帝不想讓牠們得到太多好處，就讓哺乳動物的本事變少了，能爬樹的沒有幾個，而會飛的，就剩下蝙蝠將軍這一個了。

蝙蝠將軍為此很得意，經常在我們面前誇耀牠的本事大，後來上帝嫌牠囉嗦，就讓牠晚上飛行，這一下，牠再也沒機會公開誇讚自己了。

牠是會飛的老鼠

很多人都會把蝙蝠當成老鼠，甚至稱呼牠為「飛老鼠」。的確，蝙蝠如果沒有爪子和用來飛行的翼膜，牠就很像一隻老鼠。牠的周身都長著細毛，所以牠是獸類，而不是鳥哦！

牠唯一不像老鼠的地方就是細長的爪子和翼膜，牠的翼膜是一層連在爪子之間的皮膚，可以滑翔；而牠的爪子太細了，只適合抓東西，而沒有力氣行走，所以當蝙蝠掉在地上，就失去了將軍的風範，只能艱難地爬行了。

牠的聽力超棒

蝙蝠的視力不佳，而且牠在晚上活動，按理說應該更看不清獵物了。好在牠的聽力超級強，因為牠在飛行時，嘴巴和鼻子都能發射一種人類聽不到的聲波，只要這種聲波一碰到昆蟲就會馬上反彈回來，然後被蝙蝠接收。

所以，蝙蝠很像一個手機，能測到「信號」，牠能聽到三百千赫／秒的聲音，相比之下，人類就差遠了，只有十四千赫／秒。

牠就像個磁鐵

蝙蝠能在晚上飛行數千英里，而且不會迷路，因為牠自身就像一塊磁鐵，知道南方和北方在什麼方向。

不過，有時候牠的磁鐵會出現不準確的情況，這時牠就利用日落的方向來調整磁場，實在是很聰明。

牠是怕冷的動物

蝙蝠怕冷，牠喜歡掛在山洞裡，成千隻地聚在一起取暖。

當冬天來到，牠如果不想遷移到很遠的熱帶，就會躲在洞裡冬眠。

在牠冬眠時，牠的呼吸和心跳每分鐘僅進行幾次，血液流動緩慢，體溫會跟周圍的環境一樣低，不過，牠照樣可以吃飯和排泄呢！

牠優點很多

蝙蝠雖然長相不好看，可優點很多。

除了吃素的狐蝠和果蝠，還有吸血的血蝠外，其他蝙蝠都以昆蟲為食物。牠喜歡吃蚊子、蛾子、金龜子等昆蟲，一個晚上能消滅三千隻害蟲，絕對幫了人類不少忙。

另外，牠的糞便是很好的肥料，也是一種中藥，被譽為「夜明砂」，能給人治病。

35

鴨嘴獸——會使用毒液的怪俠

從前，有一隻動物，牠非常懶，不肯進步。

於是，當大家都拚命變得更優秀時，牠卻仍舊保持著原來的樣子，而且一晃兩千五百萬年過去了，牠還是沒變。

這個懶傢伙就叫鴨嘴獸，牠因為不學習，已經成了最低等的哺乳動物之一。

好在牠後來有點後悔，就練了一門本事，那就是放毒，所以牠現在成了王國裡的俠客之一，還受到了國王的封賞，日子過得還不錯哦！

牠的長相很奇怪

鴨嘴獸有著鴨子一樣的嘴和腳、鼴鼠一樣的頭、寬大的像槳一樣的尾巴，整個身體像各種零件拼起來似的。

牠的身上披著柔軟的棕褐色皮毛，連尾巴也不例外，看上去十分暖和。

牠的嘴巴就像個皮革面具，其實摸起來是軟的，上面有很多神經，能夠在游泳的時候尋找食物和分辨方向。

鴨嘴獸沒有牙齒，只有牙齦，不過牠的牙齦可厲害了，能把貝殼嚼碎。

牠的體形不大，只有五十公分長，雄性比雌性略重，在一～二．四公斤之間。

牠的毒液能殺人

鴨嘴獸有著一雙如黑豆一樣的可愛眼睛，還有一身美麗的皮毛，看起來似乎不具有任何威脅。

沒想到，這是牠的偽裝，當壞人靠近時，牠就會用後腳的一根空心毒刺刺向對方，而牠的製毒器官就藏在牠的後腿膝蓋處。

可別小瞧了鴨嘴獸的毒液，牠能引起各種肌肉和神經症狀，嚴重的甚至可以讓人死亡，所以還是不要惹惱牠為好。

牠真的很懶惰

鴨嘴獸喜歡白天睡覺，晚上出來活動，一到冬天，牠就不想動了，或者乾脆就冬眠，真的很懶。

那白天牠在那裡呢？

原來牠躲在水裡。

牠是游泳高手，加上皮毛能分泌油脂，所以即使在冷水中牠也能照樣讓身體暖和起來。

只有在吃飯的時候，才能見到牠勤快的一面。

牠喜歡吃昆蟲的卵、蝦公尺和小型貝類、蚯蚓，不過牠沒有牙齒，只能先將獵物藏在自己的鰓幫子裡，然後在水面上大口大口地嚼個不停。

牠很貪吃，每天都要吃和自己體重相當的食物，所以在吃飯上，牠可不能懶啊！

牠其實不像哺乳動物

雖然鴨嘴獸是哺乳動物，卻不會生崽，只會像爬行動物一樣地產卵，而且牠還需要孵卵，這樣小寶寶才會出生。

鴨嘴獸也沒有乳頭，只能在腹部兩側分泌奶水，所以當小寶寶餓了的時候，就直接在媽媽肚皮上舔來舔去，不知道的人還以為牠們在捉蟲子呢。

目前鴨嘴獸只在澳大利亞生活，牠們是瀕危動物，雖然有毒，但仍然值得人類用心保護。

36

鬣狗——被迫吃腐肉的清道夫

在我們王國裡，很多動物都很挑食，尤其是那些肉食動物，只吃活的獵物，而面對死屍，牠們連看都不看。

我並不是要鼓勵動物們互相殘殺，只是希望大家明白，我們需要生活在一個乾淨整潔的大自然中，如果動物的屍體得不到清理，環境就會被污染了，到時大家都會有麻煩的。

還好，後來王國裡終於出現了一個清道夫，牠叫鬣狗，不過牠是被迫吃腐肉的，沒辦法，為了生活啊！

牠長得很難看

鬣狗腦袋很大，嘴巴很短，耳朵又大又圓，牠的前半身比後半身粗壯，所以看起來頭重腳輕，我真怕牠會摔跤。

牠的脖子和肩膀有著長長的鬃毛，尾巴上的毛也很長，不過牠身上的毛卻很少，而且亂蓬蓬的，上面還有黑色的斑點和條紋，看起來好像幾個月沒洗澡的樣子。

鬣狗長這樣，自然不討人喜歡，有人嫌牠髒，牠自己也很無奈：成天在打掃垃圾，身上能乾淨嗎？

牠是草原上最多的動物

鬣狗喜歡群居，而且牠們的首領是一隻歲數大的雌性母狗。雌性比雄性的身體要重十％，所以在牠們家族，女人的地位比男人高哦！

鬣狗媽媽每次生養兩個孩子，由於牠們在一個大家族中，所以其他的鬣狗媽媽都會來幫忙照顧孩子，靠著這種相互幫助的精神，牠們的數量越來越多，最後成為了非洲大草原上最多的動物。

牠的笑聲很恐怖

我每次聽到鬣狗的笑聲，都要起雞皮疙瘩，因為那笑聲陰森森的，彷彿從地獄裡傳出來一樣。

其實鬣狗不是在笑，而是牠在打獵或者打架啦！

另外，鬣狗媽媽在生下孩子後，「笑」的時間就更長了，因為牠要教導孩子，而小鬣狗對媽媽的叫聲會非常熟悉，牠們只聽媽媽的話，一旦媽媽開始「發笑」，牠們就會離開洞穴，到遠處去玩耍。

牠能吃腐肉是有原因的

絕大多數猛獸是不吃腐肉的，因為腐肉中有細菌和有毒物質，會讓牠們生病。

但鬣狗卻不怕這些，牠胃裡的胃液能將骨頭都消化掉，因此具有很強的殺菌作用，而且牠的牙齒也非常有力，一口就能把骨頭咬斷，吸取骨髓，所以讓牠來處理動物屍體，是再適合不過了。

牠其實有很大的本事

長得又難看，而且笑聲也恐怖，所以鬣狗很不受大家歡迎，被認為是只會吃別人的剩飯的窩囊廢。

其實，大家都誤會鬣狗了。

鬣狗有四個兄弟，分別是：大哥斑鬣狗、二哥棕鬣狗、三哥縞鬣狗和小弟土狼。

其中，斑鬣狗是最厲害的，牠不僅吃腐肉，還會攻擊斑馬、角馬、非洲野水牛等大動物，甚至還會從獅子嘴裡搶東西吃，連獅子都怕牠。

為什麼斑鬣狗這麼厲害？

原來，牠們喜歡四十～六十隻聚在一起對獵物進行圍捕，而且喜歡在晚上出去行動，以四十～五十公里的奔跑速度一哄而上，常常讓動物們心驚膽戰。

牠吃飯的速度也很快，只要幾十分鐘，一隻大斑馬就能被消滅得乾乾淨淨。

37

藍鯨——尖叫吧！牠是最大的動物

在地球上，有一種動物，牠比誰都大，連我們的國王也比不過牠。

悄悄說一句，如果不是因為牠脾氣好，只怕王位早就是牠的了。

牠就是藍鯨，從古至今最大的動物，我們都很喜歡牠，像鮣魚還喜歡貼在牠身上作長途旅行。

後來，國王封牠做了一個運輸兵，我不得不說句公道話，國王這樣做真的很小氣。

牠有多大？

藍鯨最大可以長到三十三公尺，體重也相當驚人，能達到一百八十一噸，至少和二十五頭非洲象一樣重。

一頭藍鯨，牠的舌頭就有兩千公斤，牠的腸子足有兩百多公尺，牠的血管能塞得下一個人類的小孩！

多虧海水有巨大的浮力，能夠支撐牠的身體，否則藍鯨這麼重，一定會沉下去的。

藍鯨在巨無霸中屬於苗條型身材，因此很難像抹香鯨那樣地擱淺在海灘上。

牠是魚嗎？

藍鯨不是魚哦！牠是哺乳動物。

牠用肺呼吸，由於牠的肺很大，一次能吸進一千多公升空氣，所以只需要十～十五分鐘才浮到水面換一次氣。

這時，牠先用背上的噴氣孔將體內的廢氣排出，這股氣流能高達十公尺，然後牠再吸入新鮮空氣，並再次潛入海底。

牠每兩年生一個寶寶，小寶寶也是用肺呼吸的，所以藍鯨媽媽要托著剛出生的寶寶到水面上呼吸一口空氣，然後牠的孩子就能學會呼吸了。

藍鯨在八～十歲就能發育成熟，牠的壽命在五十歲以上，有些長壽的竟能活到一百歲呢！

牠喜歡吃什麼？

藍鯨沒有牙，嘴裡只有三百～四百枚黑色的鬚板，可以過濾食物和海水。

牠喜歡住在溫暖海水與冰冷海水的交匯處，因為這裡通常都有很多浮游生物和藍色的磷蝦。

藍鯨有四個胃，所以牠胃口很大，一頓要吞掉兩百萬隻磷蝦，牠每天要吃四～八噸食物，如果吃得太少，牠會覺得很餓。

牠愛做什麼？

藍鯨是個孤獨的旅行家，牠一般會單獨行動，或者與愛人和孩子一起組成密不可分的家庭。

牠的足跡遍佈世界各大洋，不過牠很少去熱帶海洋，因為那裡食物比較少。

偶爾，藍鯨也會成群結隊地聚在一起，數量多達五十～六十頭，沒有人知道牠們為何會如此親密，這真是個不解之謎。

藍鯨的歌聲

藍鯨在跟小夥伴打招呼時，喜歡唱歌，牠的歌聲甚至比飛機起飛時還要大，而且一次能持續十～三十秒。

更奇怪的是，藍鯨的歌聲一年比一年響亮，讓科學家非常困惑。

有人猜測，藍鯨之所以會大聲「唱歌」，是因為海洋中的船隻越來越多，已經造成了噪音污染，為了讓小夥伴聽得更清楚一些，藍鯨只好大聲唱歌，這樣牠們才能互相交流。

38 黑猩猩——動物王國裡的「軍師」

人類總是覺得我們動物沒有他們聰明，這真是好笑，我們王國就有一個非常有智慧的動物，牠是我們的軍師，牠的名字大家一定知道，那就是黑猩猩。

其實黑猩猩還是人類的親戚呢，只不過人類的數量太多，佔領了整個地球，如果黑猩猩的數量和人一樣多，我想如今的地球，應該就是黑猩猩的天下了吧？

牠有多聰明？

在四大類人猿——長臂猿、猩猩、大猩猩、黑猩猩中，黑猩猩是與人類血緣最近的靈長類動物，牠是世界上除了人類以外智力最高的生物。

黑猩猩懂得製造工具，牠們能造出簡單的錘子、長矛，而被人類訓練的黑猩猩甚至可以用電腦學詞語，智商比兩歲的兒童還高。

黑猩猩還具有多種情緒，如生氣、高興、悲傷等。

人類在對黑猩猩做了一系列實驗後，難過地發現，黑猩猩的記憶力超過了他們。

牠的長相和人有什麼不同？

雖然黑猩猩和人類長得很像，但還是有不同的地方。

黑猩猩體重和人類差不多，而牠站立時能達到一～一．七公尺，可惜的是，牠的脊椎是彎的，所以無法完全直起身子，要不然牠肯定還要高。

人類腿長胳膊短，黑猩猩則剛好相反。

黑猩猩比人類強壯，牠們的身上長滿了毛髮，沒有鼻樑，嘴巴也很大，嘴唇可以翻到鼻尖上，而人類的耐力比黑猩猩強，只有頭部、腋下、私處有濃密的毛髮，鼻子挺立，嘴巴也很小。

牠有什麼喜好？

黑猩猩喜歡吃，每天花在吃飯上的時間有五～六個小時，牠最愛吃香蕉，然後是其他的水果、樹葉、花、根莖、種子和樹皮。

有時候牠也吃鳥蛋、吃昆蟲，令人驚訝的是，牠甚至吃自己的近親，如狒狒、疣猴等。

雄黑猩猩很大方，會將自己的獵物讓其他黑猩猩共用。

黑猩猩是群居動物，牠們長到三歲時就要離開母親，加入到一個集體中生活。牠們的團隊一般由二～二十多隻黑猩猩組成，最多竟然能達到八十隻。

有了這麼多家庭成員，大家又都很聰明，黑猩猩就可以戰無不勝啦！

牠的家在哪裡？

黑猩猩住在非洲中部的熱帶雨林裡，為了爭奪地盤，牠們經常會打群架。

現在全世界約有兩百萬隻不到的黑猩猩，而由於人類對環境的破壞，牠們的數量正在不斷減少，所以黑猩猩先生很發愁。

39

獵豹——短跑健將就是牠！

在陸地上，有一種動物的速度是最快的，除了鳥類，沒有誰能超得過牠，

牠就是獵豹。

光聽名字，就知道獵豹是適合捕獵的，

所以牠也成了我們王國的捕快，只要有牠在，無論罪犯逃得多遠，都能被牠快速追回來。

牠的模樣如何？

獵豹的軀體長一～一．五公尺，尾巴稍短一些，為○．六～○．八公尺，體重在五十～八十公斤之間。

平常，獵豹都會穿一件點綴著黑色斑點的淡黃色皮衣，不過這件衣服有點小，裹不住牠那白色的肚子。

牠與普通豹子的區別在於從兩隻眼睛的眼角到嘴角分別有一道黑色的條紋，這兩道黑紋能吸收陽光，讓獵豹看得更遠。此外，獵豹靠近尾巴末端的地方也有一圈一圈的黑紋。

牠的速度有多快？

在最快時，獵豹的時速能達到一百二十公里，而且每跑一下僅用一隻腳落地，不過，這個速度牠只能堅持三分鐘，否則身體就會發燙，然後死亡。

所以，獵豹每次都告訴自己：一定要在一分鐘之內成功，否則就放棄，為了增加成功的機會，牠通常會偷偷靠近獵物，並在與獵物僅剩十～三十公尺的時候發動突然襲擊。

但即使這樣，牠捕獵六次也僅有一次能夠成功。

牠為什麼能跑那麼快？

獵豹的體型小，腿很長、頭小、耳朵短，而且肌肉發達，身材非常健美，所以牠跑起來很快。

另外，牠的脊椎骨也很有彈性，當牠跑動時，就像一根大彈簧似的，推動了牠的速度。

就算獵物轉彎，獵豹也不怕剎不住車，牠的大尾巴能起到平衡的作用，這樣即使牠突然掉轉方向，也不會摔倒了。

牠的敵人是誰？

獵豹雖然是大型猛獸，但也有敵人，比如比牠更大的獅子，而牠的幼崽也常常會被獅子、鬣狗咬死。

另外，牠在捕食成功後，食物也會遭到非洲豺犬的搶奪。因為牠在打獵時跑得太快，所以殺死獵物時就非常疲憊，喘個不停，而牠則需要經過幾十分鐘的時間才能完全恢復力氣。

這時候，非洲豺犬就看準時機，去搶獵豹的食物，獵豹因為沒有力氣，往往不能戰勝可惡的豺犬，最後還會因為沒有力氣捕獵而被餓死。

牠有什麼習慣？

獵豹是個生活很有規律的捕快，牠每天早上五點鐘就出門，天黑了才回來。

中午的時候，牠要睡個午覺，不過牠還是不放心，每隔六分鐘要起來一下，警惕地觀察四周，看看有沒有危險。

雖然牠跑得很快，可是牠巡邏的時候走得並不快，而且路程很短，是個又顧家又謹慎的動物。

第三章

沒有好家世可當不了貴族

1 甲蟲——地球上第一大家族出現了！

從這一章開始，我要給大家講一講動物世界裡的名門望族了。

為什麼要叫望族呢？

因為那些家族誕生得特別早，而且隨著時間的推移，家庭成員越來越多，越來越興旺，在我們王國中享有一定的聲望。但是，不是每一個動物家族都是望族哦！

我先來講講我們王國的第一大望族——甲蟲家族吧，可別小看牠們，牠們的來頭可不小呢！

牠們是什麼時候出現的？

甲蟲出現的時間比恐龍還早，是最古老的一種昆蟲，在史前溫暖的氣候裡，甲蟲的個子長得很高大，足足有三～四公尺長。

後來，地球發生了翻天覆地的變化，甲蟲的祖先們一看大個子不利於躲避災難，就把自己變得很小，到如今，牠們大多數只有幾公分長了。

牠們長得怎樣？

甲蟲頭戴結實的頭盔，胸部和肚子上也都有堅硬的骨板，牠們的前翅已經進化成同樣堅固的鞘翅，後翅則埋在鞘翅下面。

總體來看，甲蟲的全身都藏在甲殼裡，所以牠們覺得很安全，膽子就很大。

牠們絕大多數成員的眼睛是複眼，和後代們一樣，不過有些甲蟲的眼睛很發達，視力很好，有些則不佳。

牠們都有各式各樣的觸角，有的像樹枝，有的像鋸子，有的像念珠，儘管形狀都不一樣，但一般都有十一節，只有極少數有一～六節。

牠們的額頭都向前長長地伸展，嘴巴就長在凸起的末端。

最讓人過目不忘的，是牠們的上顎。上顎用來捕捉或採集食物，因此特別發達，有些甲蟲的上顎竟然能跟身軀一樣長。

牠們的地位如何？

甲蟲個子雖小，地位卻很高。

到如今，牠們已經有三十六萬種家庭成員，是我們王國裡種類最大的家族，而且也是昆蟲中分布最廣的蟲類。

此外，甲蟲還是最早給花朵傳粉的昆蟲，原來，早期的甲蟲的嘴巴很適合採食古代大型花朵的花粉，在採集食物的過程中，甲蟲不知不覺就完成了給花授粉的過程，所以牠還是自然界的一大功臣呢！

2 魚石螈——向著陸地衝鋒

蝌蚪在水裡的時候還拖著一條長長的尾巴，為什麼一長大，尾巴就沒了呢？這形象地說明兩棲動物是從魚類演變過來的。

今天，我就跟大家講講脊椎動物這一族的發展史吧！

最初的脊椎動物是魚，後來，魚不甘心留在海洋裡，牠對陸地充滿了好奇，就拚命往岸上爬。

漸漸地，牠長出了四隻腳，一步一步上了岸，三．六七億年前，一種叫魚石螈的動物出現了，兩棲動物從此誕生。

牠長得還像魚嗎？

魚石螈長一公尺，是由提塔利克魚進化而來的，所以也叫「四腳魚」。

由於是最初的兩棲動物，所以牠和魚長得很像，比如頭骨又高又窄，身上還披著細小的鱗片，身體也是窄長形的，還拖著一條魚尾鰭一樣的尾巴。

不過，牠的鰓已經消失了，改用肺呼吸，眼睛從頭部的側面移到了正面，而且還長出了古代魚沒有的牙齒。

此外，牠與魚類最大的不同是擁有四條粗壯的腿，這是牠在地面行走的重要工具。

牠爬得快嗎？

作為第一個爬上岸的四足脊椎動物，很多人都想知道魚石螈爬得快不快。

事實上，魚石螈的後肢更適合划水，而不適合支撐身體和行走，另外，牠的脊椎雖然能彎曲，但強度不夠，所以讓牠走起路十分僵硬。這樣的身體結構，能走得快嗎？

出於對陸地的渴望，魚石螈仍在堅持，牠用強壯的前肢拖著笨重的身軀，一點一點地往前挪動，看起來十分滑稽。

牠有什麼生活習慣？

魚石螈為什麼要跑上岸呢？因為陸地上的溫度比海裡高，牠要上岸取暖。牠的皮膚能夠保持濕潤，而魚類沒有這個本事。

不過，遇到吃飯、繁殖等問題，魚石螈還得回到海裡，而牠也不能讓身體過熱，所以得泡在冷水裡降溫。

後來，魚石螈的四隻腳越來越強壯，行走時也越來越快，和魚漸漸脫離了關係，人們再也不叫牠四腳魚了。

3 蜥螈——名門望族的開啟者

爬行動物是動物王國中的大功臣，牠們在地球上存活了數億年，是鳥類和哺乳動物的祖先。

牠們曾經是世界的絕對統治者，家族成員遍佈整個地球，恐龍就是牠們的家族代表，也是最讓人記憶深刻的爬行類明星。

這樣一個有名望的家族，是從什麼時候起誕生的呢？

那就讓我們的目光聚焦到三．五五億年前，一個名叫蜥螈的動物身上吧！牠是兩棲動物向爬行動物過渡時期的產物，身上具備了兩類動物都有的特徵。

牠是怎麼被發現的？

蜥螈有個外號，叫「西蒙龍」，因為牠是在美國德克薩斯州的西蒙城被發現的。

當人類科學家發現牠時，牠正躺在二疊紀的早期底層裡，不過身體已經全部變成了化石。

牠長什麼模樣？

蜥螈是有著四條腿的小型動物，牠的身體才二尺長，脖子很短，以至於牠的頭和肩膀都快連到一起去了。

牠雖然有脊椎，但是脊椎骨沒有明顯的分節，牠的牙齒很小很尖，但在靠近頭兩側的地方也長著幾顆大牙，說明牠仍然具有兩棲動物的特徵。

牠到底屬於哪種動物？

蜥螈又像兩棲動物又像爬行動物，那牠到底該屬於哪個家族呢？

牠的骨頭與爬行動物相似，而且腳趾頭的分布也與早期的爬行動物類似，可是，真正能區分牠身份的，並不是這些。

事實上，蜥螈媽媽仍舊會回到水裡產卵，就跟現代的兩棲動物一樣，而且，和蜥螈很相似的圓盤蜥在幼兒時期用鰓呼吸，所以可以想像，蜥螈寶寶在小時候也是有鰓的，只不過長大後鰓會消失掉。

所以，蜥螈仍然屬於兩棲動物，只不過牠拉開了爬行動物誕生的序幕，在牠之後，爬行動物的時代很快就要來臨了。

4

大鯢——兩棲動物中的頭牌明星

兩棲動物家族名聲遠播，獲得了我們的一致尊敬，而在牠們的成員中，有一位最有名的明星，牠就是大鯢。

大鯢在三億年前就很出名了，因為牠們無論體型有多大，歲數有多高，都會發出一種奇特的哭聲，讓所有動物都非常驚奇。

後來，人類發現了大鯢，也很震驚，說大鯢的哭聲像小嬰兒似的，就給牠取名叫「娃娃魚」。他們還把大鯢稱為動物王國的活化石，對牠特別寵愛，讓我這個老海參也特別羨慕。

牠長什麼樣？

大鯢是最大的兩棲動物，身體長度可達一公尺以上，體重能高達五十公斤。牠就像一隻又胖又扁的蜥蜴，在山區的小溪裡游來游去，而牠的尾巴幾乎和軀幹一樣長。

牠的嘴巴很大，所以很能吃，吃一頓就能讓體重增加二十%。

大鯢能隨環境變化身體的顏色，不過平常牠都穿著灰褐色的光滑外衣，為了保持濕潤，牠的衣服上還佈滿了黏液，可以防止水分蒸發。

牠有什麼本領？

能在地球上存活三億年，大鯢肯定有很大的本領。

牠的牙齒很尖銳，密密麻麻的，一旦咬住了獵物，對方就很難逃脫。

牠還有挨餓的本事，只要有清涼的水，哪怕兩三年不吃飯也不會餓死。

牠住在哪裡？

大鯢很愛乾淨，平時專挑有清澈溪水流動的山洞裡居住。

牠的分布地點主要在中國、日本和美洲。

中國大鯢叫娃娃魚，長一．八公尺；日本大鯢外號叫「大山椒魚」，因為牠身上有山椒的味道；美洲的則叫隱鰓鯢，體型最小，只有〇．七五公尺長。

牠愛吃什麼？

大鯢的前肢像人手，後肢又像人類寶寶的腳，還會發出嬰兒般的啼哭聲，看起來很可愛，其實牠是非常兇猛的動物哦！

牠喜歡吃很多種小動物，如水裡游的魚、蝦、蟹、蛇、烏龜，天上飛的昆蟲和鳥，地上爬的老鼠，都是牠的進攻目標。

不過，牠的牙口不太好，嚼不動，只能把食物吞下去，然後讓胃去消化。

牠有多珍貴？

作為一個古老的動物，大鯢在地球上處於瀕臨滅絕的狀態。

在中國，野生大鯢的數量不足五萬尾，好在人們進行了人工繁殖，讓牠的數量突破到一百六十萬尾。

牠的壽命本來就是兩棲動物中最長的，至少能活五十～六十年，被人工飼養後更能活到一百三十年，看來大鯢的未來還是不用太擔心的。

世界上最大的大鯢

在中國湖南張家界，有一隻世界最大的娃娃魚「笨笨」。笨笨長二公尺，重六十五公斤，已經快一百三十歲了，性格很害羞，目前正在自然保護區內安享晚年。

5

中國小鯢——怎麼辦？牠們有危險了！

大鯢有一個弟弟，牠們出生在同一個時代，可是一個個子大，一個個頭小，長相相差很大。

有一天，哥哥大鯢帶著弟弟——中國小鯢去野外玩耍，一不小心，大鯢把弟弟給弄丟了，牠找啊找啊，就是找不到弟弟的身影。

後來，牠傷心地走了，卻不知道弟弟就在附近的草叢裡。

從此，中國小鯢只能獨自生活了，牠始終沒忘記要找哥哥，於是堅強地活到現在，我們快來幫幫牠吧！

牠從何時起有了名氣？

和哥哥大鯢不同，中國小鯢在很長一段時間裡都默默無聞。

直到一八八九年，一個英國人在中國宜昌進行野外勘探時發現了牠，聽說英國人非常高興，說自己找到了從未見過的動物，還把中國小鯢寫進了歷史書中。

過了四十年，又有人發現了中國小鯢，可他們動起了壞心思，開始捕捉小鯢，然後泡酒喝。

中國小鯢很害怕，趕緊逃得遠遠的，從此，世界上很難再看到牠的身影。中國人將牠看成是和大熊貓一樣珍貴的動物，呼籲人們去保護牠。

牠的樣子像大鯢嗎？

中國小鯢的長相和大鯢有著顯著的區別：

牠很小，才八～一五·五公分長，而且尾巴也比較短，身體兩側有一道一道的深溝。

牠的頭是窄長型的，不像大鯢那樣扁，一雙明亮的眼睛長在腦袋兩側，並且凸出來，看起來很可愛。

牠的背是均勻的黑色，而肚子則是淺褐色，上面長著深顏色的斑點。

牠的皮膚很光滑，佈滿了黏液，看上去像是用黑色的果凍做的一樣。

牠喜歡做什麼？

牠只在中國的湖北、浙江、福建、湖南居住。

和大鯢不同的是，牠選擇丘陵或低山作為自己的活動場所，平時牠喜歡藏在潮濕的泥土、腐爛的葉子下面，也潛伏在濕潤的石塊下方，到了晚上或陰雨天才出來覓食。

牠愛吃蚯蚓、昆蟲和昆蟲的幼蟲，到了冬天會產卵，雖然牠每次都能產下三十三～六十六粒卵，可是寶寶們成活的可能性很小，所以牠仍然是世界瀕危動物之一。

6 蚓螈——你以為長輩是這麼好當的？

在兩棲動物家族，有幾位老爺爺是從遠古時代就留存下來的，如大鯢、中國小鯢等，所以牠們的地位非常尊貴，經常受到晚輩們的尊敬。

可是，有一位爺爺卻非常憂鬱，因為牠總被當成蚯蚓，而且牠每回出門，總是會聽到大家的議論：「好大一隻蚯蚓！」

牠實在受不了，就特地跑來找我，讓我好好跟動物們解釋一下：其實牠是兩棲動物，牠不是蚯蚓！

這個可憐的爺爺是誰呢？牠就是蚓螈。

牠真的很像蚯蚓？

也難怪大家說蚓螈像蚯蚓，牠的模樣跟蚯蚓真的很像。

牠的身體是一環一環的，身上一般披著骨質的小鱗片，頭和尾巴都有點尖，但末端很圓滑，就跟高鐵的火車頭似的，而且很像，因此很難區分頭尾。

不過可以用眼睛來進行分辨，牠的頭部兩側長有很小的眼睛，像兩個小白點似的，不注意的話根本看不出來。

蚓螈長十～一百五十公分，最寬能達到五公分，因種類不同而有分紅、粉紅、黑、棕等顏色。

巧合的是，蚓螈也住在地下，所以大家更要把牠當蚯蚓對待了。

牠有什麼生活習慣？

蚓螈居住在全世界的熱帶和亞熱帶濕熱地區，尤其在南美洲有很多家族成員。

牠喜歡白天住在河流和湖泊附近的潮濕洞穴裡，晚上再出來覓食。因為被當成蚯蚓，牠就特別討厭對方，恨不得將蚯蚓全部吃掉！除此以外，牠還吃白蟻、小型蜥蜴和蠕蟲等食物。

牠怎樣生育後代？

蚓螈生育寶寶有兩種方式，一是產卵，這通常是蚓螈中較原始的品種所採取的行為；另一種則是胎生。

蚓螈寶寶在未發育成熟前，由蚓螈媽媽負責照顧，此時牠們仍舊和魚兒一樣用鰓呼吸，等到長大後才會長出可供呼吸的肺部。

至於那些胎生的寶寶，牠們的媽媽還會在肚子裡分泌乳汁，而蚓螈寶寶就用牠們細細的牙齒刮取乳汁，好讓自己快快長大。

用自己的身體去餵孩子

在非洲，有一種奇特的蚓螈，雌性會用自己的皮膚來餵養自己的孩子。

看起來似乎很殘忍，但其實蚓螈本身會蛻皮，所以這種做法不會對自己造成傷害，而且蚓螈的皮膚含有一種營養物質，有助於蚓螈寶寶長肉，所以是非常有營養的糧食呢！

7

林蜥——恐龍要喊牠爺爺

在三億多年前，越來越多的兩棲動物跑到了岸上居住，牠們驚訝地發現，陸地上有著高大的樹木、美麗的鮮花，一切都跟海裡大不一樣了！

於是，牠們不肯走了，決定要在地面上長期生活。天長地久，有一個兩棲動物的模樣發生了變化，牠長出了可供呼吸的肺，光溜溜的皮膚上還披上了一層堅硬的鱗甲，能保護體內的水分不被蒸發。

牠就是爬行動物的祖先——林蜥，而爬行動物中的巨無霸——恐龍也要喊牠為爺爺呢！

牠像恐龍嗎？

其實，恐龍是照著林蜥的樣子長的，只不過個頭比林蜥要大了很多倍。

林蜥，光看名字就知道，牠是森林中的類似蜥蜴一樣的動物，因此個頭很小，只有二十～七十公分。

牠的身體又長又細，全身土黃色，但是軀幹和四肢都間隔著灰色的橫紋。

牠和恐龍不同的是，牠的頭頂是平的，而且嘴巴很長，鰓已經退化了，用肺呼吸。

牠的四肢很細長，腳趾也很長，尤其是後腳趾，還保留著沒有退化完全的鰭的樣子，這讓牠剪起指甲來特別費力。

牠有什麼愛好？

林蜥是肉食動物，因此喜歡吃昆蟲和一些小型爬行動物。

牠雖然已經是爬行動物，但還是喜歡住在水邊的濕地上，牠還喜歡爬到河邊的樹上去休息，望著天空發呆，彷彿是個思想者一樣。

我不知道牠在想什麼，估計是想著怎樣把牠的家族壯大吧，於是，在接下來的歲月裡，爬行動物的數量越來越多，種類也越來越複雜了。

牠的後代有哪些？

林蜥是最原始的爬行動物，後來牠又進化出了最原始的龜鱉類動物——杯龍和最原始的鱷魚——中龍，另外，牠的後代中還有一類是最早的恐龍，那就是蛇齒龍。

又過了一千萬年，林蜥的後代中有了一個重要的動物——楔齒龍，牠是哺乳動物的祖先，牠的背上長著巨大的「帆」，可以調節體溫，從此以後，獸類就開始在地球上繁衍，並延續至今。

林蜥為動物王國作出了如此大的貢獻，牠真的是王國的大人物，連我都要親切地喊牠為爺爺。

8 楔齒龍——獸族快要出現了！

在大自然中，除了人類，野獸是最重要的地球貴族，牠們個頭較大，智商較高，而且身體結構要比其他動物複雜，所以牠們能夠享受到較高的待遇。

從什麼時候起，獸類開始出現的呢？

那還要追溯到二．三億年前，一個叫楔齒龍的傢伙身上。

楔齒龍知道自己和爬行動物不一樣，牠就對牠的爬行類長輩們特別凶甚至還欺負那些年紀大的叔叔伯伯，讓爬行動物家族非常不滿。

爬行類經過嚴肅的商量，決定將楔齒龍趕出家門，沒想到楔齒龍沒有認錯，反而傲慢地闖蕩江湖去了，從此，哺乳動物嶄露頭角，一個新的家族誕生了。

牠長什麼樣？

楔齒龍是由爬行動物演化而來的，所以牠也是四足動物，拖著一條常常的尾巴。

然而，牠跟爬行動物又有著很大的不同。牠的頭又長又窄，前方牙齒很大，兩側的則比較小。牠的脊椎神經很長，因此也向外突出，形成了高大的神經棘，不過，楔齒龍還沒有長出像恐龍那樣的背部帆狀物，因為牠比較小，估計不想背太重的負擔。

牠有多兇狠？

牠的面部肌肉非常發達，嘴裡還有如同匕首一樣尖利的大牙齒，可別小看牠的牙，只要一口下去，牠就能讓其他動物斷了氣，所以牠是非常兇殘的動物。

雖然楔齒龍的高度只到人類的小腿，但牠非常貪心，嘴巴可以張得很大，總是想捕食比自己還大的爬行動物，真是非常貪心。

牠住在哪裡？

在二億多年前的二疊紀，楔齒龍住在如今的北美洲南部，也許是逐漸溫暖的天氣促進了牠的發育，牠逐漸從六十公分長到了三公尺長。

由於個子變大，身體的熱量也會變多，偏偏楔齒龍是個不喜歡炎熱的傢伙，為了散發熱量，牠一部分後代讓背上的帆狀物變得更加巨大，這樣有利於體內熱氣的揮發，而牠們也有了一個新的稱呼，那就是異齒龍。

自從楔齒龍出現後，野獸就真正開始在地球上誕生了。

雖然牠們最開始出現時，因為體型小，所以大家沒有把牠們當回事，可沒想到牠們卻是生命力最頑強的種群，到最後竟然取代了爬行動物的地位，成為人類出現以前的地球統治者。

9 斯龍——這隻烏龜怎麼沒有殼？

烏龜的祖先是由林蜥演化而來的，在地球母親的關懷下，逐漸長成了如今的模樣。

我和烏龜偶爾能在養老村碰個面。

有一次，牠拿出了家族的老照片，當牠指著自己的祖太爺給我看時，我很震驚：這居然是烏龜？怎麼沒有殼呢！

烏龜的祖先是誰？

因為烏龜是由兩棲動物演化而來的，所以最初牠也是一隻大「蜥蜴」。

烏龜的祖先叫斯龍，牠沒有龜殼，但身上有一層非常堅韌的皮甲，所以除了與牠生活在一個年代的猛獸——麗齒獸外，牠幾乎沒有天敵。

牠的個子很大，有六公尺高，長得非常粗壯，脖子很短，以至於頭彷佛掛在肩膀上一樣，尾巴也很短，跑起來根本就搆不著地面，但是身軀就非常碩大，大大的肚子垂下來，像個暴發戶似的。

牠怎樣對付敵人？

雖然體型巨大，足足有六噸重，但斯龍的個性卻很溫和，牠只吃樹葉和草，不吃肉，因此就成了猛獸眼中的美味。

那斯龍怎樣避開敵人的攻擊呢？

這就多虧了牠的個子，牠奔跑起來像一個移動的車庫，而且頭也有小型冰箱那麼大，誰要是被牠用力撞一下，身體肯定吃不消。

因為知道處境危險，斯龍就喜歡群體生活，當牠們聚在一起的時候，那隊伍浩浩蕩蕩的，非常壯觀，敵人也只能遠遠地看著，而不敢靠近了。

牠有什麼奇特的地方？

斯龍雖然是食草動物，可牠卻和烏龜一樣，是沒有牙的哦！

那牠怎麼吃飯呢？

原來，牠的嘴巴被堅硬的角質層包裹著，因此咬起東西來具有很大的力氣，可以輕鬆地把植物撕碎，吞進胃裡。

牠還會在吃飯的時候同時將一些帶稜角的石頭也吃進肚子，這樣的話，石頭就能幫助斯龍研磨食物，有助於斯龍的消化。

牠後來怎麼樣了？

斯龍是二．五億年前的巨人，牠曾經非常為自己的個子而驕傲。

可是，牠的家族中有時候會出現一些發育不全的後代，那些晚輩個子比較小，活動起來也很慢，結果就遭到同類的一致鄙視。

沒想到，在二疊紀晚期，地球環境發生了巨變，生物開始大量滅絕，個頭較大的斯龍與天敵麗齒獸一起滅亡，唯獨那些個子小的斯龍活了下來，並發展成了如今的龜類。

10

似鳥龍——牠預示著鳥類的到來

在如今的動物王國裡，鳥類是天空的主宰者，那麼最初的鳥兒是怎麼來的呢？

其實啊，牠們是由一種叫似鳥龍的恐龍演化而來的，因為似鳥龍想飛上天空。

可惜當時牠沒想明白，結果飛了半天還是在地上，還造成了行動的不方便，看來這對翅膀是白長了。

牠長得像鳥嗎？

似鳥龍名字中帶「鳥」，長相卻似鳥和恐龍的集合體。

牠的軀幹如同恐龍一般碩大，而且後肢的肌肉堅實有力，奔跑起來速度很快。牠還跟恐龍一樣有一條長長的大尾巴，當遇到敵人時，牠有時會用尾巴來攻擊對方。

不過，牠的頭和翅膀又很像大型鳥類。

牠全身披著長長的羽毛，腦袋比較小，長了一張尖尖的嘴，不過牠嘴巴裡可沒有牙齒哦！

在牠兩隻翅膀的前端，分別長有兩隻細長而尖銳的爪子，這樣即使牠沒有手，也不用擔心抓不住食物了。

為什麼牠飛不起來？

儘管似鳥龍身材比其他恐龍要苗條一些，還有一對披著長長羽毛的大翅膀，可牠就是飛不起來。

原因就在於牠的個頭實在太大了，牠的體重能有一百五十公斤，如此大的塊頭，就跟一塊巨石一般，想要飛起來，真是比登天還難啊！

牠的翅膀到底有什麼用？

似鳥龍的這對翅膀既然不能飛，那還有什麼用處呢？

其實，似鳥龍在還沒長出翅膀那會就發現，將手臂張開跳舞特別能吸引雌性的注意，於是牠就在手臂上添了一些羽毛，結果就長成這副模樣了。

牠的翅膀還能保護自己的孩子，每當有敵人來偷襲時，似鳥龍媽媽就拚命將孩子圍在自己的翅膀下面，這樣牠的孩子就安全了！

牠到底吃什麼？

似鳥龍不是肉食恐龍，牠的嘴巴裡長著幾排凸出來的細齒，彷彿兩把梳子似的，能將細小的生物篩選出來。

所以牠喜歡吃水裡的浮游生物，每當牠想吃飯時，就把尖尖的腦袋伸進水裡取食。

由於牠個子大，沒有足夠的浮游生物供牠享用，所以牠只好也吃一些植物。牠會吞下一些石頭來將植物磨成漿液，這樣就不怕不消化了。

11

蜥蜴——濃縮的都是精華

自從爬行動物出現後，個頭一直都在往高發展，可是偏偏有一種動物就是不長個子，急死那些長輩了。

這個小不點就是蜥蜴，牠的歷史比恐龍還要久呢！雖然蜥蜴因為個頭小，總是受到大動物的欺負，可牠堅信：濃縮的都是精華，我肯定比別人強！

沒想到，真被牠說中了！在此後的億萬年裡，牠度過了無數危機，並一直存活著。至今為止，蜥蜴家族有超過四千種不同類型的成員，且成為了爬蟲類中種類最多的族群。

牠們的模樣如何？

蜥蜴是爬行動物，除了體長三公尺的巨蜥外，一般身體都很小，最小的才三公分長。

牠的身體一般很細長，尾巴比牠的軀體還長，牠全身都披著細小的鱗片，有些鱗片上還有毫毛，可以當觸覺器官。

別看蜥蜴很小巧，牠的五官可一樣都不缺，牠有一雙小小的圓溜溜的眼睛，還有一雙耳朵，只不過牠的外耳已經退化了，變成了兩個耳洞，有些蜥蜴甚至連耳洞也消失了，只有一層能感受聲音的鼓膜在腦袋兩側。

牠們吃什麼？

蜥蜴大多數是肉食性的動物，牠們的食物很雜，有老鼠、昆蟲、蚯蚓、蝸牛等。

和爬行動物祖先一樣，牠們也是個貪吃鬼，能將嘴巴張得很大，吞下比牠頭還要大的動物。

如果是草食性的蜥蜴，會以仙人掌或海藻為每天的口糧，當然也有蜥蜴不挑食，無論蔬菜還是肉，都照吃不誤。

牠們有哪些絕招？

蜥蜴雖小，本事卻很大，牠有兩大絕招，保證讓大家佩服不已！

第一個絕招就是自斷尾巴。

蜥蜴和壁虎一樣，在遇到危險的時候會讓尾部肌肉劇烈收縮，於是尾巴就斷掉，成功地吸引了敵人的注意。不過，如果牠的斷尾還連在身上的話，到時候另一條尾巴長出，就會變成兩條尾巴了。

第二個絕招就是會變色。

蜥蜴能根據環境而改變自身的顏色，牠們家族中的一種蜥蜴特別擅長做這件事，因此還得了個美名，叫「變色龍」。

牠們愛做什麼？

作為一種生命力極其頑強的動物，地球上除了寒冷的極低沒有牠們的身影外，其他地方都可見到蜥蜴。

蜥蜴是變溫動物，牠們喜歡曬太陽。

當身體的溫度變低時，牠們就跑出來曬一曬太陽，等到體溫變高再回陰涼處活動。當牠們到達寒冷地區後，會用冬眠來保存身體的溫度。

有些蜥蜴長得特別好看，還被人類當作寵物飼養，讓我這個老海參羨慕極了，要知道，如果人類飼養我們，百分之百都是為了吃啊！

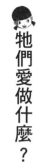

12

蛇——哎呀，牠摔倒了！

從前，有一種蜥蜴在草叢裡走路，本來牠走得好好地，卻沒料到腳下有一根枯枝，結果，牠被絆倒了，重重地摔了一跤。

牠忽然發現，有腳實在太麻煩了，而且牠的腳還很長，很容易就磕著碰著，到時又該發生摔倒的事情了。

於是，牠做出了一個重大的決定，那就是放棄自己的四隻腳，成為只有軀幹的爬行動物。

很多年以後，牠的願望終於實現了，牠也因此有了一個新的名稱，那就是大名鼎鼎的蛇。

牠有脖子嗎？

蛇雖然是從蜥蜴演化過來的，但是模樣已經發生了巨變。

牠的身體由頭、軀幹和尾巴組成，沒有毒的蛇腦袋是圓錐形的，有毒的則是三角形，除了頭部，任何一種蛇的軀幹都是圓柱形的，尾巴則又細又長。

蛇看起來頭和軀幹是連在一起的，那牠有脖子嗎？

其實，蛇是有頸部的，牠的頸被稱為「七寸」，是神經系統的中樞，所以牠特別注意保護脖子，不然牠可是會癱瘓的哦！

牠怎麼走路呢？

沒了腳，蛇還怎麼走路呀？

別著急，蛇的身上有堅硬的鱗片，可以借助摩擦力往前走，所以牠只能在粗糙的地面上走動，如果在光滑的玻璃上，牠就動不了了。

牠不是筆直前進的，而是像波浪一樣地彎曲向前，因為要增大摩擦力。這也是牠區別於其他動物的一種活動方式。

牠有耳朵嗎？

蛇的腦袋上沒有外耳和耳孔，所以很多人以為牠是沒有耳朵的，其實，牠的耳朵在腦袋裡面，不過結構非常簡單，所以聽力很差。

那牠怎樣發現獵物呢？

別擔心，牠的皮膚特別敏感，哪怕外界只有一絲極其微小的振動，牠都能感受出來。

另外，牠的頭能分辨出空氣中的不同氣味，所以經常見蛇吐出分叉的紅舌頭，那不是牠準備要捕獵，而是牠在聞味道呢！

最後，蛇還有更厲害的武器，那就是在牠的眼睛和鼻孔之間有一個凹陷下去的「酒窩」，那裡能發射紅外線，這樣蛇就能根據溫度的高低來獲知獵物的位置了。

牠真的能吞大象嗎？

人類有句話，叫做「貪心不足蛇吞象」，雖然蛇吞象不可能，但是蛇卻能吞下比牠大得多的獵物。

因為牠的嘴部骨頭結構特殊，所以牠能將嘴張大到一百八十度進行吞咽。牠是自然界嘴巴張開角度最大的動物。

蛇雖然不能咬碎食物，但牠的消化系統非常厲害，能在一兩天中將肚子裡的獵物消化得差不多，不過牠還需要等待三四天才能完全把東西吃掉。

在天氣冷的時候，牠會停止消化，所以在寒冷的地方，冬天牠可是會冬眠的哦！

牠為什麼要蛻皮？

因為總是用身上的鱗片來摩擦地面，皮膚難免有破損老化的時候，所以蛇過一段時間就要蛻一次皮。

在蛻皮期間，蛇會停止飲食，然後躲到一個安全的地方，這時，牠的眼珠子開始渾濁或者變成藍色，而牠的身體表面也變得非常乾燥，像是徹底失去了水分。

蛇需要用石頭刮自己的嘴角，然後舊皮就撕裂開來，慢慢劃向尾部。

幾天後，牠的皮才能完全脫離身體，彷彿一隻破襪子，而新皮則變得更新，讓蛇先生的心情好極了！

13

始盜龍——恐龍時代開始了！

恐龍的家族成員很多，但要問這世上的第一隻恐龍是誰，恐怕沒多少人知道。

今天我就來告訴大家這個答案吧！

牠就是始盜龍。

牠為何要叫這個名字？

在一九九一年，有個美國人在阿根廷的西北部發現了始盜龍的化石，就給牠取了個英文名，意思為「從月亮谷來的黎明的掠奪者」，後來中國科學家就根據這個解釋給牠起了個「始盜龍」的名字。後來，我們動物也覺得這名字順口，就這麼叫開了。

牠很龐大嗎？

恐龍在大家心中的形象都很高大，那麼始盜龍是不是也很大呢？

可惜，作為第一隻恐龍，牠只有一公尺長，體重也只有十公斤，跟一隻小狗差不多大。

不過，牠的行為卻和後來的恐龍相近，比如同樣用後肢走路，而前肢只有後肢長度的一半。

牠的每個前肢有五根手指，其中最長的三根長有爪子，用來抓捕獵物。

牠吃什麼？

始盜龍有一些草食動物才有的牙齒，此外，牠的嘴不能張得很大，這使得牠無法咬住大型的獵物。

但牠絕對不愛吃草和樹葉，因為在牠的嘴裡，還有一些彎曲的牙齒，並且上面有細小的鋸齒，說明牠是以肉食為主的雜食動物。

由於喜歡在濕潤的河流和湖泊附近活動，所以牠主要獵取一些小昆蟲和蜥蜴等小型爬行動物，牠沒有膽量去吃大動物，反而要時刻擔心自己成為兇殘的肉食者的目標。

牠怎樣捕捉獵物？

由於始盜龍個子很小，所以跑得很快，當牠捉到小動物後，會用爪子和牙齒撕開獵物，然後進行吞食。

因為牠們是沒有辦法直立的，所以在進食的時候，牠們只能用嘴去啃食獵物，和現在的獸類相似。

作為最早的恐龍，始盜龍的地位是非常重要的。可是在二．三億年前，牠們也沒想到自己的後代會變成龐然大物，進而統治世界，成為地球的霸主。

14

板龍——這是第一隻大型恐龍

儘管恐龍時代已經來臨，可在最初的階段，地球上根本沒有大型動物的身影，最大的動物也才跟一頭豬差不多大，與大家想像中的恐龍世界完全不一樣。

那麼從何時開始，自然界出現了第一隻大恐龍的呢？

這得讓時光回到二．一億年前了，當時在三疊紀晚期，突然有一隻大塊頭恐龍開始在地面上行走，牠那沉重的腳步聲響徹遠方，讓其他動物四散而逃。

牠就是板龍，動物王國的第一隻大型恐龍。

牠有多大？

板龍是三疊紀最大的恐龍，也是那個時期最大的陸地動物。

牠長六～十公尺，當牠用兩隻強壯的後腿直立時，頭部距離地面有三．五公尺，而牠的體重達到了七百公斤，絕對是個大塊頭。

牠長什麼樣？

板龍的脖子和尾巴很細長，頭也很小，但是頭骨卻比後來的恐龍要硬得多。牠總共長了六十多顆牙齒，不過都是小牙，不能撕裂皮肉，所以牠是草食性的動物，牠的鰓幫子鼓鼓的，可以讓牠往嘴裡塞入很多東西，看起來很貪吃哦！

牠的每隻腳都有五個腳趾，大腳趾上還有長長的爪子，可以防身，也可以摘取食物。

由於前肢比後肢短小，所以牠有時候會直立行走，可牠的脖子實在太長了，牠只站了一會就累得要死，只好重新用四隻腳走動起來。

牠怎樣吃東西？

板龍一直為牠的個頭驕傲，因為牠只要一抬頭，就能吃到樹上的樹葉，這讓很多動物都羨慕呢！

牠還會用較短的前肢壓低樹枝，然後悶著頭吃，因為長脖子太重了，總抬著頭吃飯很累的，看來，太重了也不好。

可惜牠的牙齒太小了，無法嚼爛食物，只好到處吞表面粗糙的石頭，借助石頭的摩擦力來研磨胃裡的食物，這樣才能完全消化。

牠有什麼煩惱？

身體大雖然方便吃東西，卻也讓板龍煩惱不已。

因為個頭大，在炎熱的天氣裡就容易出汗，所以板龍又餓又暈，覺得自己離天堂不遠了。

為了獲得食物，牠只好跟夥伴們一同前往海邊，但是因為牠住在高地上，需要穿越沙漠，所以經常會發生迷路的情況，結果往往等不到來到目的地，就已經渴死了。

看來，什麼事情都是有利有弊呀！

15 易碎雙腔龍
——其實恐龍家族也有好人

一說到恐龍，大家的第一個反應就是「兇殘」、「巨大」、「恐怖」，難道就沒有一點好聽的詞嗎？

其實啊，恐龍也分好壞，好的只吃植物，牠們性格溫和，不會到處找人打架，只想過平靜安穩的生活，為什麼大家就不懂牠們的心呢？

在草食性恐龍中，有一種恐龍我特別喜歡，那就是易碎雙腔龍。

牠是世界上最大的恐龍，體重比世界上最大的動物——藍鯨還要重，但牠並沒有因為個子大而隨便欺負人，真是特別讓我佩服！

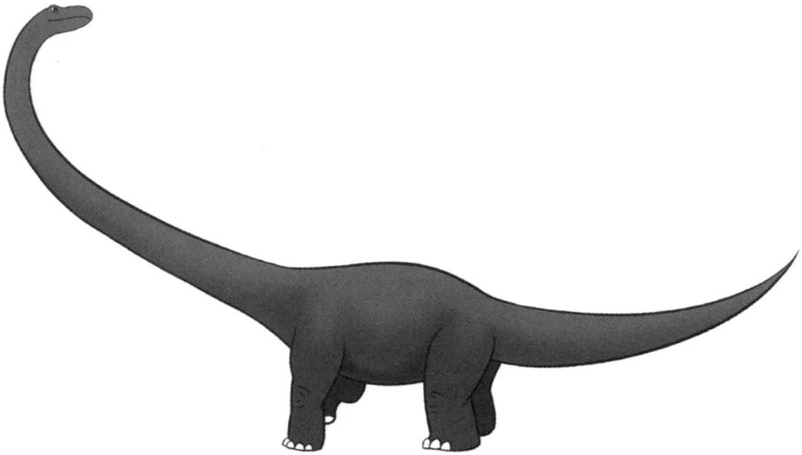

牠有多大？

易碎雙腔龍比這個地球上的任何動物都要長、都要重，牠長七十公尺以上，重兩百二十噸，臀部高十公尺，頭高十四～十五公尺，這樣的個體讓別的恐龍看起來完全就是個小不點，更別提現代的動物了。

草食性恐龍的個體普遍比肉食恐龍大，這是因為古時候的樹木非常高大，若想吃到樹葉，只能讓自己的個頭變得更大，而肉食恐龍以草食性恐龍為獵物，加上大體積需要消耗更多的食物，所以不用長那麼大的個子。

牠為什麼要叫這個名字？

這又是人類的傑作。

當人類在一個礦山發現易碎雙腔龍的化石時，因為含有化石的石礦非常容易受到侵蝕，所以化石就很容易被粉碎成不規則的碎片。

科學家只來得及將易碎雙腔龍的形狀描繪下來，而後整個化石就破碎掉了，所以那些人就給牠取了這個名字。

所以，易碎雙腔龍並非是身體很容易破碎的恐龍，大家可別搞錯。

牠愛做什麼？

易碎雙腔龍喜歡吃，另一個愛好就是談戀愛。

牠出生于白堊紀中期，當時地球上出現了很多開花植物，比如木頭、胡桃等，還有一些高大的灌木，易碎雙腔龍就以這些植物為食。

由於牠塊頭大，所以需要吃個不停，否則很容易餓，哎，個子大就是有這個煩惱啊！長得像我們海參那樣大不是挺好！

易碎雙腔龍只有在尋找心儀的姑娘時才會脾氣暴躁一點，這時候，牠們的個頭就顯出優勢了，大個子的恐龍力氣比較大，所以很容易打贏對手，成功取得姑娘們的芳心。

先有哪類恐龍出現？

植食性恐龍和肉食性恐龍，哪個出現得早？

其實，最初的恐龍無論個體大小，都是肉食性的，只是後來有些恐龍發現食物不夠吃，再吃肉下去會被餓死，迫不得已才改吃了植物。

由於要吃草和樹葉，不需要用爪子，牠們原本瘦弱的前肢又重新回到了地面，並且長得和後肢一樣粗壯，這樣就能支撐越來越沉重的身體了。

16 三角龍——有個性就是這麼受歡迎

在恐龍家族，除了霸王龍以外，還有一種恐龍是大名鼎鼎的明星，牠就是三角龍。

三角龍之所以出名，不僅是因為牠敢跟霸王龍打架，還因為牠那長了角的頭骨，要知道，雖然恐龍們長相都差不多，但長成三角龍那樣的，還真不多見呢！所以說，有個性才會受歡迎啊！

牠什麼時候誕生的？

三角龍是最晚出現的恐龍之一，牠誕生於六千七百萬年前，並且一出現就跟霸王龍較上了勁。

當時，霸王龍正在陸地上耀武揚威，壓根就沒把三角龍這個剛出生的小個子放在眼裡，沒想到三角龍初生牛犢不怕虎，見霸王龍要咬自己，就用堅硬的角去撞對方，把霸王龍撞了一個大跟頭。從此，這兩個動物就成了死對頭。

不過，牠們結仇的日子沒有持續多久，白堊紀生物大滅絕事件就來了，兩種恐龍同時消失，再也不能打架了。

牠的模樣有多特別？

三角龍的體型中等，長七．九～十公尺，體重為六～十二噸。

牠的身體很粗壯，跟現代的犀牛差不多，要不是腦袋長得奇怪，別人還以為牠就是犀牛。

牠的眼睛和鼻子之間長了一根較短的角，而在眼睛後方則長了兩根像劍一樣尖利的角，高度達一公尺，所以牠被稱為三角龍。

在牠的腦袋後方長有寬大的頭盾，而且高達二公尺，彷彿一塊盾牌放在脖子上似的。

頭上又有劍又有盾，誰還敢來欺負牠呢？

此外，三角龍的嘴是尖的，類似於鳥嘴，可以方便牠撕扯植物。牠的兩隻前腳掌分別有五個腳趾，後腳掌又分別有四個腳趾，和其他植食性恐龍不同的是，牠的前肢比後肢長，所以走路時前肢要略微彎曲，這樣走路似乎不太方便。

牠的角有多厲害？

誰說不吃肉的恐龍就不厲害了？三角龍偏偏要挑戰這個權威！當牠發怒時，奔跑的速度能達到四十公里每小時，這樣一來，牠的角就能刺穿肉食恐龍堅硬的皮膚了。

三角龍和犀牛一樣長著角，但不同於後者的是，三角龍的角其實是實心的骨頭哦！所以，破壞力極強。

此外，三角龍的頭骨能承受十六噸的重量，這就意味著牠用頭將一輛卡車撞成兩半是絕對沒有問題的。

牠為什麼要長角？

其實，打架並不是三角龍長角的真正原因，牠的角另有其他重要的用途。

一是用來吃飯。

三角龍力氣很大，而且吃飯也很粗魯，牠會用角來撞樹，將樹撞倒後再津津有味地啃食樹葉。

需要說明的是，牠的牙齒很多，一共有四百～八百顆牙，但只有很少的牙齒在被牠使用，而且牠的牙能夠在脫落後又不斷地長出新牙，真令人羨慕。

二是用來吸引姑娘。

牠的角長不長，好不好看，決定了牠能否被雌性三角龍看中，所以牠的角非常重要，平時總在三角龍的嚴密保護下。

17

始祖鳥——世界上最風光的「鳥」

如果我提個問題：這世界上最有名氣的鳥是誰？你們該怎麼回答呢？

是天鵝還是老鷹？還是體積最大的鴕鳥呢？

都不是。

其實，最為人所知的「鳥」是始祖鳥，而且就連牠的化石發現地都成了人類膜拜的地方，更加神奇的是，始祖鳥竟然不是鳥，而是鳥類的恐龍祖先哦！

牠為什麼被稱為「鳥」？

始祖鳥保留了很多爬行動物的特徵，比如嘴裡有牙齒、沒有尖尖的鳥嘴、有一條由二十一節骨頭組成的長尾巴、有後翼、前後翼的末端都有爪子、骨骼不是中空的。

既然始祖鳥是恐龍，為什麼人們還要稱牠為「鳥」呢？

這時因為，始祖鳥已經有羽毛了，而且還分出了初級飛羽、次級飛羽、尾羽和複羽，而且牠的手也開始和翅膀連在了一起，看起來就像鳥一樣。

所以，當人類發現了距今一．五億年前的始祖鳥化石後，激動得手舞足蹈，以為自己找到了最古老的鳥，於是「始祖鳥」這個名字就傳開了。

牠為什麼這麼有名？

經常有動物問我，始祖鳥又不是真正的鳥，牠為什麼這麼出名啊？這是因為牠的化石保留有精美的羽毛，讓人類在發現時欣喜萬分，所以人類就特別喜歡始祖鳥。

要知道，始祖鳥的骨頭比其他爬行動物纖細，所以很難保存下來，更別提羽毛了。

幸好，在如今的德國中部和南部之間，有一個叫索倫霍芬的地方，那裡原本是個大湖，始祖鳥在湖邊死去，沉到湖底，然後被細膩的泥漿包裹起來成為化石。

如今，索倫霍芬已經出土了十具始祖鳥的化石，成了一個名氣響亮的地方。

牠長什麼模樣？

說到這裡，大家一定很好奇：始祖鳥到底長什麼樣啊？

其實，牠的模樣沒有啥特別，和現代的野雞差不多。

牠的胸骨不發達，不會飛，就算扇動翅膀，也只能跳到離地面很近的樹枝上。牠的尾巴很長，平時走路時就拖在地上，前肢和後肢都演化成了帶爪子的翅膀，後翅要比前翅短小很多。

總的來說，牠雖然長得很像鳥，但是骨子裡仍然流著爬行動物的血液。

牠是怎麼被發現的？

在一八六〇年，人類在索倫霍芬附近的一家採石場發現了一根羽毛化石。這根羽毛長六．八公分，寬一．一公分，上面的細小羽枝都能看得清清楚楚。

人類科學家研究發現，這根羽毛來自於一．四五億年前，他們頓時驚呆了，很快，各種新聞報導了「始祖鳥」這一古生物，我也才知道原來在動物王國中，還有始祖鳥的存在，真的是很感謝人類啊！

18 孔子鳥——鳥兒終於出現了！

從什麼時候開始，鳥兒飛上了天空，並在樹林的高處安了家呢？

答案就是在距今一．四億年前的侏羅紀，孔子鳥成了第一個飛上了天的「鳥」。光聽這名字，大家可能就猜出來了，孔子鳥誕生於中國。

沒錯，當牠被發現時，聽說人類都高興得大喊大叫的，說是發現了最原始的鳥類。多虧了人類的發現，讓我這本動物王國的史書描述得更加科學完整，我後來翻閱了很多歷史書，發現孔子鳥和始祖鳥幾乎誕生於同一時期，但孔子鳥的進化更先進一些，說明孔子鳥更像現代鳥哦！

牠長什麼樣？

孔子鳥由爬行動物祖先演化而來，所以牠身上仍保留著原始特徵。

牠沒有完整的頭骨，並且眼眶的骨頭也沒有完全退化掉，牠的翅膀末端仍然有三個爪子，胸骨也不突出，這增加了牠的飛行難度。

除此以外，孔子鳥與現代鳥在外形上已經差異很小了。

牠沒有牙齒，而相應的鳥類的尖嘴則長了出來，牠全身披著長長的羽毛，尾翼也像現代鳥那樣很寬，可以輔助飛行。

牠的身子和一隻雞差不多大，這減少了牠飛行的難度，讓牠可以輕鬆飛上高空。

牠有什麼特徵？

孔子鳥有一個與現代鳥極其相似的地方，就是雄鳥特別好看，有一對又長又飄逸的尾羽，而雌鳥則沒有。

為什麼孔子鳥要按性別打扮呢？

這是因為，雄鳥為了贏得雌鳥的歡心，讓自己當上爸爸，就得裝扮得好看一點，這就跟雄孔雀有美麗的羽屏是一個道理。

牠怎樣飛行？

孔子鳥非常用功勤學，當牠們還在鳥蛋中的時候，就已經在背誦關於飛行的知識了。

當有一天牠們破殼而出，由於功課很好，用不了多久，牠們就能飛了！不過，由於將很多精力都花在了學習上，孔子鳥的身體有點吃不消，牠們就發育得特別緩慢，需要很長一段時間才能長大為成鳥。

孔子鳥的翅膀很寬大，骨骼也很強韌，所以有足夠的力氣去飛行，不過牠們需要在「跑道」上加速奔跑一段時間，才能讓自己成功地離開地面。

牠喜歡做什麼？

孔子鳥是群居動物，特別喜歡組成一個大家族，然後大家成天在一起開心地生活。牠們還喜歡減肥，以便讓自己更輕，更有助於飛翔。

可是，牠們還是飛不高，而與牠們同時代的肉食恐龍卻變得更加巨大，結果餓得暈乎乎的孔子鳥還沒飛多遠就被恐龍一口咬住，成了別人嘴裡的食物。

19

黃昏鳥——不會飛也沒關係

在鳥類家族中，並不是每個動物都能飛，有些動物害怕飛到高處，就只能在地上走，翅膀也退化了，因此經常被能飛的鳥嘲笑。

沒想到，在六千七百萬年前，有一種鳥早就不肯飛了，不僅如此，牠還懶得在地面上走動，結果，牠成了一個看起來沒有手的怪物。

牠是誰？

牠就是黃昏鳥，一隻不會飛，爬起來也很費勁的古代鳥。

牠長什麼樣？

黃昏鳥個頭中等，有五．五～六．五公尺長，牠有個類似天鵝一樣的長脖子，嘴巴很厲害，帶尖鉤，長三十～四十五公分。

牠的翅膀嚴重退化了，短短地貼在身體兩側，但是雙腳卻很長，還特別大，像兩隻船槳一樣。

牠的嘴巴又細又長，但尖端長有倒鉤，而且牠嘴裡也長有帶倒鉤的牙齒，所以是個吃肉的猛禽哦！

牠住在哪裡？

黃昏鳥的手都快沒了，如果在陸地上走動的話，肯定特別費勁。好在牠肚子上的肌肉很強壯，所以當牠上岸時，就用肚子貼著地面，然後拚命掙扎，讓自己前進，顯得特別笨拙。

不過，牠的兩隻腳特別適合游泳，所以牠生活在北半球的溫帶海洋裡，牠在水裡特別靈活，像一隻小型潛艇，最深能潛到七千公尺深的海底呢！

在黃昏鳥的一生中，牠絕大多數時間都漂浮在海面上，牠喜歡長途旅行，去遊覽各處的風光。

牠上岸做什麼？

平時黃昏鳥是不上岸的，因為腿腳不方便，但只有在一種情況下牠才會不顧形象地往陸地上跑，那就是當牠想要當父母的時候。

由於岸上有恐龍，天空中有翼龍，笨手笨腳的黃昏鳥是很容易被吃掉的，牠們該怎麼辦呢？

於是黃昏鳥發揮了集體的優勢，牠們聚在一起，高唱著「鳥多力量大」的歌曲，專門挑石頭很多的地方爬，這樣的話，那些敵人一時半刻會沒辦法接近牠們，牠們就安全啦！

牠愛吃什麼？

在白堊紀晚期，海洋裡有很多魚類、菊石和箭石，黃昏鳥就靠這些小型動物來填飽肚子。

黃昏鳥的游速很快，當發現有獵物時，牠可以猛地潛入水中，然後用尖嘴迅速叼起獵物，再浮回海面上飽餐一頓。

不過，由於海裡有兇狠的大鯊魚和滄龍，黃昏鳥的日子也不好過，一不小心，牠自己就有可能成為別人的獵物哦！

20 恐鳥——牠的行蹤依舊是個傳說

世界上第一大鳥是誰？

其實，並非鴕鳥，而是一個叫恐鳥的巨無霸。

在過去幾千年裡，恐鳥一直生活在紐西蘭，直到七百年前，人類首次遇到牠，牠的災難才開始了。

在被人類瘋狂捕殺後，恐鳥的數量急劇減少，到了一九五〇年以後，大家就再也沒有見到牠的身影。

不過，一九九三年，紐西蘭的一個旅館老闆說看到了一隻長得像鴕鳥的巨型鳥，我猜測應該是恐鳥，看來牠的行蹤依然是個謎啊！

牠的長相如何？

恐鳥最高有三．六公尺，重兩百五十公斤，比鴕鳥大多了，但個子小的恐鳥只有火雞大小，所以恐鳥並非每一隻都是大塊頭。

恐鳥是不會飛的，因為牠的翅膀已經退化到看不見了，不過牠的腿很發達，雖然短，但是很粗壯，可以支撐牠那個肥大的身體，還能讓牠奔跑起來很快，鴕鳥是跑不過牠的。

雖然恐鳥長相似鴕鳥，但鴕鳥的脖子是沒有羽毛的，而且比恐鳥長，此外，鴕鳥有兩根腳趾頭，恐鳥則有三根，所以牠們還是有區別的。

牠愛吃什麼？

恐鳥雖然塊頭大，性格卻非常溫和，牠是植食性動物，平常只吃樹葉、根莖、草籽和果實。

為了幫助消化，牠也會往胃口吞小石子，而且石子重達三公斤，好在恐鳥的胃很大，能承受得住這樣的重量，換成一般小動物的話，只怕還沒吃完飯就沒命了。

由於體型大，恐鳥需要吃很多東西，有時為瞭解決溫飽問題，牠還會吃一點昆蟲來改善一下伙食，因為沒有牙齒，牠只好把蟲子吞到肚子裡。

牠有什麼習慣？

恐鳥是個家庭觀念很重的鳥，牠堅持「一夫一妻制」，雌雄兩隻恐鳥一旦結婚，就會生活一輩子，直到其中的一隻恐鳥死去，另一隻才會另尋伴侶。

一對恐鳥夫婦一次只下一個蛋，所以恐鳥的數量增長得很慢。

恐鳥還有建立「鳥塚」的習慣。

恐鳥有一個集體的墳墓，當一隻恐鳥預感到自己即將死去，牠就會來到這個大墳墓前，將自己埋葬到墳裡，永遠地跟長輩們在一起。

牠為什麼突然消失了？

在七百多年前，人類從夏威夷乘著獨木舟來到紐西蘭，發現恐鳥的肉特別鮮美，於是他們用長矛到處追殺恐鳥。

恐鳥的脾氣相當好，遇到這種情況，牠只是一味地逃避，也沒想過要反抗，結果反而使自己遭了殃。

後來，紐西蘭又經常有火山噴發，恐鳥的居住地遭到了巨大的破壞，恐鳥就快生活不下去了。

牠現在還活著嗎？

一千八百年是人類能捕捉到恐鳥的最後一年，此後，紐西蘭就很難看到恐鳥的蹤跡。

到了二十世紀，有一些人說自己還是能見到恐鳥，證明恐鳥仍然藏在某個隱蔽的地方。

不過，也有人懷疑恐鳥那麼大，能藏得住嗎？

雖然我也覺得第二種說法比較可信，但還是希望恐鳥能活在世間，要不然牠太可憐啦！

21 異齒龍——假裝自己是野獸

說人類拍了部電影，叫《侏羅紀公園》，裡面全是恐龍，人類還自己嚇自己，說千萬不要回到侏羅紀時代，否則會被恐龍吃掉的！

我聽了這句話都忍不住要笑，誰說侏羅紀只有恐龍，沒有其他動物的？這也太荒唐了吧！

比如在二・六五億年前，就有一隻爬行動物叫異齒龍，牠不是恐龍，和哺乳動物的關係很近，後來牠真的進化成了哺乳動物，也就是獸類。

結果異齒龍就以為自己是野獸了，經常對其他動物吹噓自己的特殊，結果大家都很瞧不起牠，把牠狠狠打了一通，哎，這就是吹牛的下場啊！

牠長得像野獸嗎？

在異齒龍生活的年代裡，哺乳動物還沒出現，到處都是爬行動物，所以異齒龍也仍舊長著爬行動物的樣子。

牠的體型很小，才一・二公尺長，重二・五公斤，是雜食性動物。

牠的前肢非常結實，每隻手都長有五根手指，前三個手指特別長，而且有不是很鋒利的爪子，後兩個手指就短小多了。牠的後肢則只有三個朝前長的長腳趾頭。

牠的背上有高大的背帆，具有調節體溫的作用。一隻異齒龍若想讓自己提升六℃的體溫，只需八十分鐘，但牠若沒有背上的帆狀物，則需要八個多鐘頭。

牠和獸類的共同點在哪？

既然外形還是爬行動物，異齒龍與哺乳動物的相似點在哪裡呢？

原來，就在牠的牙齒上。

異齒龍長有三種不同類型的牙齒：第一種是爬行動物的尖牙，可以用來撕咬樹葉；第二種是長在嘴巴前端的犬牙，這種牙齒最長，可以當防身的武器；第三種牙齒則長在牠的面頰兩側，如同石磨一樣，可以磨碎食物。

後來，異齒龍只長第三種牙齒，並逐漸發展成現代野獸的不同功能的牙齒。

牠愛吃什麼食物？

異齒龍生活在非洲南部，喜歡吃植物，但有時候牠也吃一些昆蟲。

雖然牠很小，但是很有耐力，能走遍整個沙漠，目的只為了找到食物。

牠通常吃離地面不到一公尺的植物，因為高處的樹葉牠搆不到。

牠還喜歡用前肢去掘土，然後尋找到白蟻的巢穴，讓自己享受一頓白蟻大餐，如果蟻后被牠找出來吃掉，白蟻就慘了，整個家族就此毀滅。

牠的天敵有哪些？

在自然界中，異齒龍的敵人有很多，幾乎比牠個頭大的都是牠的天敵，比如鱷龍、斑龍、角鼻龍、沃克龍等。

沒辦法，誰讓牠牙齒不鋒利，又沒有像我們海參那樣的高強本領呢！

好在牠還有一個優勢，那就是雖然打不贏，但是跑得快，而且牠即使在吃東西，也會讓四腳著地，這樣一旦發現敵情，牠就能快速逃跑啦！

22

遊走鯨

——當鯨魚行走在五千萬年前

自從兩棲動物爬上岸後，有二億多年的時間，陸地成了爬行動物的天下。正當爬行類在地面上耀武揚威時，牠們並不知道，一個全新的物種即將誕生，而牠們的地位將不再穩固。

在五千萬年前，海裡的鯨魚也開始對陸地產生了興趣，牠想：為什麼我不去岸上看一看呢？也許我能比現在過得更好呢！

於是，牠小心翼翼地來到海灘上，慢慢地讓自己長出了四隻腳，一步一步地向著森林深處走去。

牠就是遊走鯨，一隻既會游泳又能行走的鯨魚。

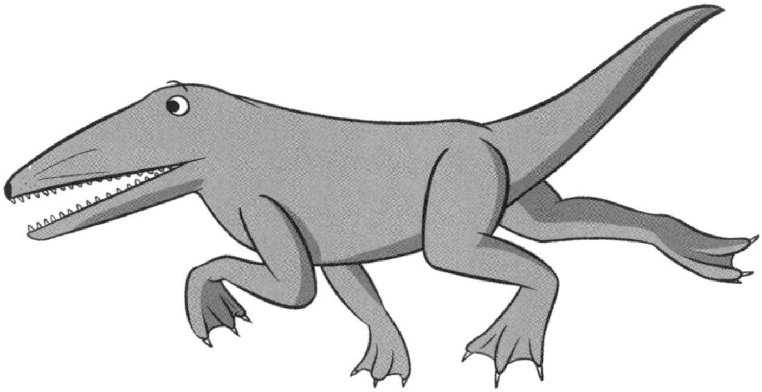

牠只是四腳鯨魚嗎？

既然是上了岸的鯨魚，那麼遊走鯨是不是一頭多了四隻腳的鯨魚呢？

事實並非如此。

遊走鯨的樣子已經不像鯨魚了，而更像一條三公尺多長的鱷魚。

牠的嘴巴變得很長，而且嘴裡長滿了尖利的牙齒，此外，牠的打獵方式也跟鱷魚很像。

牠的四條腿都很短，腳卻很大，可以方便牠划水。

不過，遊走鯨也有與鯨魚相似的地方，比如牠的下巴與耳朵之間有脂肪塊，可以發射聲波，來獲知獵物的準確位置；牠的鼻子在水下能夠閉緊，牠的牙齒也和鯨魚類似。

牠住在哪裡？

遊走鯨上岸了，從此就住在陸地上了嗎？

其實牠是個很懷舊的動物，所以還是時不時要回水裡住一段時間，是個半水生的哺乳動物。

牠有時喝淡水，有時會喝海水，所以既能住在河湖裡，也能住在海洋裡。

由於既想待在水裡，又想往陸地上跑，牠只能住在岸邊的沼澤地裡，然後每天堅持練習走路，終於在一千萬年以後進入了森林的深處。

牠有什麼技能？

遊走鯨是沒有外耳的，但牠的腦袋裡有耳膜，當牠想打獵或探知危險的時候，就將頭貼到地面上，感受一下遠方傳來的輕微振動。

可別小看遊走鯨的這項技能，牠就是靠了自己的聽力才躲過了鱷魚、戈氏鳥等巨獸的攻擊。

此外，牠的頭很大，腦袋和脖子上的肌肉也很發達，可以幫助牠快速地置獵物於死地，牠就是靠這樣的本事才慢慢地生存下來，並成長為以後的野獸。

23 犬齒獸——小心！肉食猛獸來了！

前面說了那麼多爬行動物均在往哺乳動物上進化，那麼第一代哺乳動物是從何時起真正出現的呢？

這就要追溯到二．二億年前，當時森林裡出現了一群身上長毛的動物，牠們的上下顎有著尖利的犬牙，看起來和爬行動物不太一樣，所以我們都叫牠們犬齒獸。

犬齒獸是哺乳動物的祖先，也是第一代肉食猛獸，從牠們誕生之日起，哺乳動物的時代來臨了！

牠的樣子很兇嗎？

既然是肉食性動物，犬齒獸不兇才怪！好在牠的個頭不大，跟一隻貓差不多大小，最大的也不過只有九十公分長。牠有好幾種不同功能的牙齒，嘴上還有鬍鬚，身上也長滿了體毛；牠的四肢很強壯，能夠迅速奔跑；此外，牠還能一邊吃東西一邊呼吸，這些特徵都和後來的哺乳動物很像。

牠有什麼愛好？

犬齒獸很重視家庭，喜歡和自己的愛人一起住在黑暗的洞穴裡。雖然身處暗處，但牠的視力卻非常好，能看清楚遠處的一切情況，所以不用擔心自己會撞到什麼東西或摔跤。

牠愛吃小動物和昆蟲，儘管牠的牙齒也能嚼碎植物的根莖和種子，可犬齒獸總是不愛吃素食。

牠怎樣對付敵人？

剛開始，爬行動物根本不把犬齒獸放在眼裡，覺得牠不會對自己造成任何威脅，所以一個勁地欺負牠。

後來，爬行動物才發現自己的想法是極其錯誤的，小個子的犬齒獸雖然打不過大塊頭的爬行動物，可牠們偷盜的本事一流，會悄悄拿走爬行動物的蛋，讓對方無法繁衍後代。關於恐龍的滅絕，犬齒獸要負很大責任啊！

牠的優缺點是什麼？

犬齒獸是哺乳動物，牠用厚厚的皮毛取代了爬行動物的鱗片，可以保持身體的溫度。

另外，牠的四肢也比爬行動物更加有力，特別是後肢稍有彎曲，可以讓牠在逃跑時速度更快，身體也更輕盈，所以爬行動物後來很難追得上哺乳動物。

不過，少了鱗片的保護，犬齒獸的皮膚很容易被敵人的尖牙刺破，而且牠們完全適應了陸地的生活，無法再回到水中，一旦落水，就會丟了性命。

在犬齒獸之後，哺乳動物越來越多，發展得越來越多，誰都沒有想到，這一類全新的族群，竟然在日後能讓地球產生巨大的變化。

24 真獸類動物——迅速取代恐龍的野心家

大約六千五百萬年前，一顆巨大的隕石撞向地球，引發了一連串惡劣的自然災害，恐龍沒能逃過這場劫難，全部滅絕，此後，地球變得荒涼無比。

一千五百萬年後，有一種哺乳動物見地球上再沒有比牠們更強大的對手，不禁得意萬分，牠們迅速擴大地盤，並迅速養育了很多兒女，最終，整個自然界都落入了牠們手中。

牠們就是真獸類動物，繼恐龍之後佔領地球的野心家，也是現代野獸的祖先，因為牠們的存在，哺乳動物才存活至今，並成為了動物世界裡的貴族。

牠們有什麼特色？

真獸類動物與以往任何一種動物都不一樣，牠們形成了胎盤，因而能保證小寶寶在媽媽體內的健康生長。

什麼是胎盤呢？

原來，無論是哺乳動物還是人類，在媽媽肚子裡還未出生時，都要通過胎盤從媽媽體內吸取營養，這樣才能長大。

所以有了胎盤之後，寶寶出生時個頭就已經很大，而且以後也能發育得更快，這也就不難理解，為什麼真獸類出現後，再沒有一種動物能跟牠們競爭下去。

牠們有什麼進步？

真獸類的身體結構也比之前的動物要先進。

牠們的腦袋變大了，所以擁有很高的智慧，其中如猴子等動物，更是能在群體之間進行溝通，並作出簡單的動作。

牠們的牙齒也進一步分化，嘴巴裡長著門牙、犬齒、前臼齒和臼齒，有了這些牙齒，無論是咬、研磨，還是剪切食物，對真獸類來說都沒有問題，牠們再也不必像爬行動物那樣只能大口大口地吞咽食物了。

細嚼慢嚥對身體好，這個我也知道，所以人類後來也要學真獸類，讓自己的牙齒種類也變得非常複雜。

牠們起源於何時？

大約在一億年前，真獸類就開始出現了，只不過當時世界還是恐龍的天下，所以弱小的真獸類動物只有四處躲藏的命。

由於恐龍幾乎把食物都吃光了，所以同樣喜歡吃肉的真獸類只能吃一些小蟲子，牠們恨死了恐龍，暗暗罵道：讓你搶我的東西吃！早晚有一天，我要取代你的位置！

沒想到幾千萬年後，牠們的詛咒真的靈驗了，恐龍如閃電般消失不見，真獸類的好日子到來了。

牠們的後代有哪些？

真獸類有一個大家族，牠們演化出了很多後代，如今還在動物王國裡活躍的有蝙蝠、熊、猴子、老鼠、兔子、犀牛、馬等。

另外，還有很多古生物已經消失，但牠們也是真獸類的後代，牠們的體型很大，生活習慣也挺奇怪，由於不能很好地適應地球的氣候，最終消失不見，只在我的史書中留下了一些痕跡。

25

袋鼠——多虧了與世隔絕的大洋洲

在真獸類動物開始耀武揚威的時代，牠的堂哥——袋鼠可就慘了。

原來，袋鼠只吃草，不吃肉，所以就被真獸類當成了食物，真獸類動物不顧親情，大開殺戒，讓袋鼠痛哭流涕。

另外，袋鼠沒有胎盤，牠的胎兒是早產兒，因此一旦遭遇危險，就容易沒命，所以為了後代著想，袋鼠也很發愁啊！

好在老天看袋鼠可憐，決定幫一幫牠。

某一天，袋鼠一覺醒來，發現自己所在的大洋洲與其他洲被海水分開了，成了躲避敵人的最佳住處。

從此，袋鼠不再擔心猛獸的襲擊，牠的數量也不斷增多，到如今，大洋洲上隨處可見牠們的身影，這都要感謝老天的幫忙。

牠長什麼樣？

袋鼠很像一個健壯的拳擊手，牠身高二．六公尺，體重可達八十公斤，後肢發達，前肢則比較短小，長度剛好到牠肚子上的育兒袋上方。

只有雌袋鼠有育兒袋，雄性是沒有的，育兒袋裡有四個乳頭，能夠讓袋鼠寶寶吃個夠。

與碩大的軀幹相比，牠的頭很小，耳朵卻很長，高高地豎在腦袋上。

牠還有一條長滿肌肉的大尾巴，這條尾巴可有用了，不僅能在牠休息時立在地上當「凳子」，還能當武器。

誰要是被袋鼠的尾巴掃到，就會有生命危險，這可不是鬧著玩的，所以不要把袋鼠惹急了哦！

牠有什麼本事？

袋鼠不會走路，只會跳躍，牠的腿非常有力，能讓牠一次性跳四公尺高，而牠最遠能跳超過十三公尺的距離，所以牠是哺乳動物中的跳遠冠軍。

不過，袋鼠有個很大的缺點，那就是牠的視力很差，偏偏牠還特別喜歡在晚上去研究人類車輛的燈光，結果就出了很多車禍，真是不長記性。

牠有什麼愛好？

袋鼠喜歡吃鮮嫩的小草，有時牠也吃樹葉、樹芽或真菌。

牠太害羞了，怕見人，就選擇在晚上活動，不過偶爾牠想做個早操，也會在清晨出現一會，但只要太陽完全升起，牠就不見蹤影了。

牠還喜歡集體生活，不歡迎有家族以外的成員闖進來，也不容許家庭成員擅自離開。

如果有袋鼠不聽話，離家出走，等牠回家時，牠的爺爺奶奶、爸爸媽媽早就拿著板子準備訓話了，這時牠要是想被家人接受，就只能老老實實地挨訓，並誠懇地認錯，才能重新與家人生活在一起。

牠怎樣養小寶寶？

袋鼠寶寶都會早產，出生時只有一粒花生公尺大小，若得不到良好的照顧，可就麻煩了。

袋鼠媽媽很怕自己的孩子出事，所以牠總是盡心盡力地帶孩子，另外，牠還有一個策略以防萬一，那就是當一個袋鼠寶寶生下來後，牠馬上懷上另一個寶寶，這樣袋鼠家族就不愁成員不多了。

袋鼠寶寶通常在七個月時會跳出媽媽的育兒袋，可是牠太膽小啦，只要一受驚，就又鑽到媽媽肚子裡去了，而這時的育兒袋也變得非常有彈性，能方便小袋鼠的進出。

袋鼠撫養子女的方式非常獨特，連人類都很羨慕。

人類的醫生後來模仿袋鼠的育兒袋，做了一個可以掛在人類母親胸前的袋子，這樣的話，人類的小寶寶既能貼著媽媽的身體吸奶，又能感受媽媽的體溫，會生長得更有活力。

26 冠齒獸——哺乳動物有了大塊頭

和爬行動物一樣，哺乳動物也遇到了難題。

早期的哺乳動物全是吃肉的，可是那些爬行動物整天跟牠們搶東西吃，哪有那麼多食物呢？

況且，哺乳動物之間也要互相爭奪獵物，牠們往往搶了半天也沒有個結果，不由氣喘吁吁地叫喊道：「再這樣下去快被餓死了！不如吃草算了！」

於是，一些動物很認真地思考起了這個問題，並逐漸演化成隻吃草的哺乳動物，牠們便是冠齒獸。

從此，地球上的第一代草食性哺乳動物，誕生了！

牠長什麼樣？

由於植物到處都有，不愁沒有吃的，所以冠齒獸可高興了，牠吃個不停，讓身子越長越大，結果成了哺乳動物中的大塊頭。

牠身高一公尺，長二．二五公尺，體重居然有五百公斤，這樣的身軀也太肥胖了吧，冠齒獸，你該減減肥啦！

由於身體大，牠的腦袋也很大，可卻有個特別小的大腦，所以智力不夠高。真不明白牠為什麼不長腦子，難道是只顧著吃草而忘記別的事情了嗎？

牠有四十四顆牙齒，上排牙齒和下排牙齒均分別有二十二顆，牠的牙齒很長，其中最長的犬牙有五公分，如果牠是肉食動物，咬一口下去絕對會威力驚人。

牠住在哪裡？

冠齒獸的生活習性與如今的河馬差不多，牠也會在水中待很長時間，而牠之所以不經常上岸，還有一個原因，那就是牠的四肢太短了，無法長時間支撐牠那個胖胖的身體。如果牠上岸的話，走路的速度就特別慢，而這正好讓肉食性猛獸找到了機會，到時冠齒獸就危險了。

在五千九百萬年前，牠住在北美洲的沼澤地裡，牠喜歡在泥地裡打滾。別笑牠髒，其實牠是在給自己洗澡呢！牠在打滾的時候，能夠去除身體上的細菌，同時，因為全身都裹了一層厚厚的泥漿，有猛獸想咬牠時，往往只會啃了一嘴泥，看來冠齒獸也有聰明的時候。

牠的食物有哪些？

在沼澤中，長著許多水生的植物，冠齒獸會用牠那尖利的犬齒切碎植物根莖，然後送入口中進食。

在岸上的時候，牠也會找一些嫩草和種子來吃。

幸虧哺乳動物發育出的多功能牙齒，冠齒獸不再像爬行動物那樣需要吞石子幫助消化了，牠們多嚼幾下食物就可以輕鬆地咽進肚子裡。

可惜啊，碩大的身體並沒有幫助冠齒獸存活下來，由於身體太笨重，牠們很容易成為食肉的真獸類動物的目標，因此只用了八百萬年的時間，就消失在歷史的長河中。

27 龍王鯨——走吧，重回海洋！

哺乳動物真是很奇怪，我都不知道該怎麼說牠們了。

最開始，牠們死活都要來到陸地，可後來牠們又變了主意，要重返海洋。

這樣折騰來折騰去，有意思嗎？

後來我才明白，牠們之所以這麼做，是想佔領海洋，真的是很貪心啊！

所以，三千九百萬年前，一種最原始的哺乳類動物在上了岸之後，又開始往海裡爬，牠的名字叫龍王鯨，是現代鯨魚的祖先。後來牠比較了一下，覺得還是海裡的生活好，從此就不再往岸上走了。

牠長什麼樣？

龍王鯨的身體非常修長，有十五～二十公尺，是鯨魚家族中的模特，所以牠經常會被當成海蛇。

其實牠和海蛇並不像，因為牠有類似魚一樣的尾鰭和背鰭，而且牠還有一對長〇．六公尺的後肢，所以很明顯，牠曾經長有四隻腳，在很久以前，是在陸地上生活的動物。

另外，牠的鼻孔不像現代鯨魚那樣長在背上，而是長在頭上的，所以每當牠要呼吸時，就只能費力地將腦袋抬出水面去換氣。

和巨大的身體比起來，龍王鯨的腦袋明顯小了，不過這不能說明牠不聰明，牠想統治大海，起碼說明牠還是很有想法的。

牠住在哪裡？

在幾千萬年前，非洲、歐洲和北美洲之間有一片溫暖的海域，龍王鯨就生活在那裡。

由於身體太長，要潛入深海的話很不容易，所以龍王鯨只能平行地游來游去，而淺海地區也是牠經常出沒的地方。

牠吃什麼？

現代的鯨魚一般都比較溫和，但龍王鯨卻是個狠角色。牠非常兇狠，一點也不挑食，一看到比自己小的海洋生物就去進攻，讓大家都非常害怕。

牠吃魚、鯊魚、海龜和烏賊等動物，牠的胃口很大，一頓要吃很多食物，直到將胃撐得像一隻球為止。

牠有什麼天敵？

既然龍王鯨這麼厲害，牠一定是打遍天下無敵手了吧？

如果真是這樣就好了，可惜海裡有鯊魚，那是龍王鯨可怕的敵人。

不過鯊魚和龍王鯨力量相當，所以牠們經常會打得頭破血流，這時候誰的體型大，就會成為強者，而個子小的只能被吃掉了。

牠的後代是誰？

龍王鯨發展到如今，進化成了現代鯨魚，但還有一種非常可愛的動物也是龍王鯨的後代，那就是海豚。

海豚長一．二公尺到十公尺之間，吃魚類和軟體動物，牠的個性溫和，還特別喜歡救人，每當看到有人掉到水裡，牠會把落水者推上岸。

海豚還喜歡追著船跑，真不明白牠為什麼這麼喜歡人類，因此人類特別喜歡牠。

我也特別喜歡海豚，因為牠是我的好朋友，沒想到龍王鯨這麼兇，卻有一個脾氣如此好的曾孫，真是令我想像不到啊！

28

海牛——大象怎麼在海裡？

自從鯨魚跑回海裡後，大象也動了回到故鄉的念頭。

不過大象的想法比鯨魚要單純得多，牠是覺得陸地上的草不夠牠吃，為了填飽牠那個大肚子，牠必須得找到更多的食物才行。

牠看海洋那麼廣闊，覺得海裡肯定有很多海藻，不由口水嘩嘩地流了一地。

於是，牠慢慢地將腳伸進水裡，開始練習游泳。

時間一天天過去了，牠也成功了，並在兩千五百萬年前演化出了一個新品種，那就是海牛。

牠像大象嗎？

既然海牛是大象演變而來的，按理說也應該長得像大象吧？

可是，牠一點也不像大象的樣子，反而更像一隻大水牛。

牠長一．五～四公尺，是個大胖子，有三百～四百公斤，身體是兩頭略尖，肚子很大，像織布用的紡錘一樣。

牠的臉還跟人類相似，就是眼睛小了一點，雄性海牛是個大齙牙，門牙突在嘴的外面。

雌性海牛喜歡抱著孩子餵奶，因為海牛媽媽的身體很胖，為了不把寶寶悶死，媽媽會帶著孩子浮到水面上，然後半躺著餵奶。牠的這副模樣被人類看到後，就以為牠是一個長著魚尾巴的大美女。於是，海牛又有了一個美麗的外號——美人魚，其實牠長得一點也不美啦！

牠怎樣呼吸？

海牛的身體很大，所以牠的肺也相當大，所需要的氧氣就特別多，而海牛是水裡的潛水健將，能在水底待十幾分鐘，那牠是怎樣呼吸的呢？

其實啊，海牛在水裡是不呼吸的，在牠入水以前，牠會在海面上將空氣盡可能多地吸進肺裡，然後再慢悠悠地潛入海底。

牠的鼻孔非常奇特，有兩個「蓋子」。當牠呼吸時，那蓋子是打開的，氣體可以從海牛的鼻腔中自由進出，而當牠回到海底時，蓋子會自動合上，保證不讓一滴海水進入海牛的肺裡，所以海牛才可以潛水那麼久呢！

牠愛吃什麼？

海牛和大象一樣，都只吃植物。

海牛喜歡吃水草，牠的食量很大，每天都要吃相當於體重五％～十％的植物。

牠吃草的方式也很奇特，就好像一台除草機一樣，一塊一塊地吃著，絕不浪費一點食物。

當人類瞭解了海牛的特性後，就經常請牠們幫助除水草，海牛相當勤奮，牠把人類花了幾年時間都除不掉的水生植物都吃光了，讓人類讚歎不已！

牠住在哪裡？

在自然界中，海牛有三個姐妹。

大姐是西印度海牛，牠住在加勒比海和南美洲東北部，由於那裡的冬季溫度低於十五℃，所以西印度海牛會遷徙到溫暖的地方過冬。

二姐西非海牛居住在非洲西部沿海，牠還會從海裡游到河流的入海口。

小妹亞馬遜海牛不住在海裡，牠住在亞馬遜河及其支流中，牠最舒服了，因為一年四季都很熱，所以牠不需要搬家，而且熱帶地區食物豐富，足夠牠好好吃一輩子的了。

29

薩摩麟——神獸麒麟真的存在啊！

聽說中國人特別崇拜一種叫麒麟的神獸，還到處建麒麟的雕像，說是可以發財、守衛屋子。

其實，人類嘴裡的麒麟是一種叫薩摩麟的古生物，而薩摩麟又是長頸鹿的祖先，所以那些人崇拜的不就是長頸鹿嗎？嘿嘿嘿，這我就不能告訴你囉！

這隻「麒麟」長啥樣？

兩千萬年前，薩摩麟住在森林裡，牠是個大個子，有三公尺高，四公尺長，身軀比較健壯，四條腿也很結實，臉長得很像如今的鹿，讓我一看就知道牠的脾氣很溫順。

牠的不同之處在於頭上長了四支角，而且兩支兩支地長在一起，前一支角小，後一支角大，兩支角的交叉處長著眼睛，看起來威風凜凜。

薩摩麟的牙齒是有利於咀嚼的臼齒，所以牠是不可能來撕咬獵物的，只能夠以吃樹葉為生。

牠住在哪裡？

薩摩麟和牛羊一樣，很愛吃草，而且最好是鮮嫩多汁的草，所以牠特別喜歡住在草原上。

牠的牙齒雖然不鋒利，但是很大，可以幫助牠快速地將草莖嚼爛，不過因為總在開闊地帶活動，牠也容易成為猛獸攻擊的目標。所以，牠在吃東西時也提心吊膽的，甚至都沒想過要用頭上的角來還擊。

牠為什麼被當成麒麟？

薩摩麟在地球上生存了幾千萬年，直到人類出現，草原上還有牠的身影。有一次，一個人看到了牠。薩摩麟大吃一驚，趕緊逃走。

發現薩摩麟的那個人也驚呆了，因為他從未看到頭上長角的奇怪動物，於是就認為自己看到了神獸。

後來，人類又看到過幾次薩摩麟，由於薩摩麟跑得太快，人類來不及看清牠的樣子，只好憑想像畫出了牠的模樣，就這樣，一種從未在地球上生活過的動物——麒麟出現了。

牠的後代有哪些？

薩摩麟發現，如果低著頭吃草，牠很容易被猛獸咬住脖子，要是牠抬頭吃樹葉的話，敵人就不容易攻擊牠了，而且牠還可以觀察敵情，一舉兩得！

於是，牠的脖子和腿開始變長，慢慢地，牠夠得著樹葉了，而頭上的角因為用不著了，所以也消失了。

現在，牠的後代有兩個，一個是比長頸鹿矮一些的霍加狓，這種動物長得像馬，數量稀少，因此非常珍貴；另一個就是長頸鹿，牠因為最高能達到五．五公尺而成為目前我們王國中最高的動物。

30

眼鏡猴——人類的老祖宗是牠嗎？

人類總是誇耀他們比我們動物強壯、聰明、能幹，讓我覺得很可笑，要知道，人類就是由我們動物進化來的呀！

今天，我就要來揭開人類祖先的真面目，原來，牠就是生活在六千萬年前的一個小不點——眼鏡猴。

牠強壯嗎？

說出來，大家可不許笑哦！眼鏡猴的軀體只有九～十六公分長，尾巴長十三～二十七公分，重八十～一百六十五公克，比很多動物都要小，要是人類知道他們最初長這個樣子，肯定要氣死了！

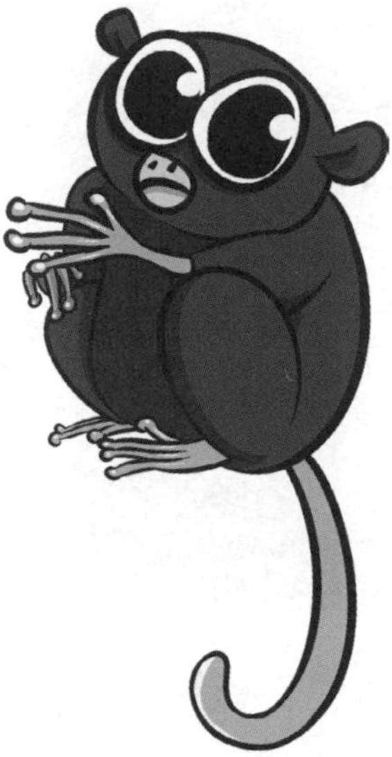

眼鏡猴的背上長著柔軟的灰毛，手指細長，還長有指甲。

牠的腦袋圓圓的，一雙眼睛也圓溜溜的，眼珠的直徑可達一公分，每隻眼睛比牠的大腦還重，看起來像戴了一副老花眼鏡，所以大家喊牠眼鏡猴。

牠的嘴巴向前突出，嘴裡長了兩對鋒利的犬牙。牠的耳朵也特別大，所以聽力非常好，神奇的是，這對大耳朵還能在牠睡覺的時候折疊起來，讓牠免受外界的干擾。

牠有什麼本事？

眼鏡猴雖然長相奇怪，但有幾個特異功能：

首先，牠的腦袋可以轉一百八十度，因為牠能看到很多地方。

其次，牠的手腳上長有一個圓盤形狀的小肉墊，可以讓牠吸附在樹枝上而不掉下來。

第三，牠在樹上的跳躍能力非常強，能跳出三公尺遠的距離，而且更厲害的是，在跳躍的過程中，牠還會拐彎哦！另外，牠的尾巴像一根平衡的棍子，可以確保牠在樹上安全地活動。

最後，牠的眼睛也有用處，即使牠在休息，也會睜一隻眼睛來觀察四周，到如今，眼鏡猴的這些優點人類一個都不具備了，真讓我為他們害臊！

牠聰明嗎？

眼鏡猴不算很聰明，牠的智慧主要體現在吃東西上。

牠喜歡夜間捕食，愛吃昆蟲、青蛙、鳥類和蜥蜴，甚至還能捕捉比自己大很多的鳥和毒蛇。

牠適應環境的能力很差，一旦離開故鄉，就會馬上死去。

牠的壽命很短，只有十五～二十歲，生活在東南亞的熱帶和炎熱帶叢林裡，而且很害羞，一有風吹草動就拚命逃跑。所以，我也不明白牠的人類後代怎麼會像植物一樣長滿了整個世界。

除了吃，別的牠就不會了，每天要麼就是睡覺，要麼就是抱著樹枝發呆，一雙大眼睛大而無神，一點都看不出來哪裡聰明。

說了那麼多，大家都明白了吧！人類是由眼鏡猴這個小不點演化而來的，所以下次他們要是再吹牛，我們就可以拿眼鏡猴來取笑他們啦！

31 古貓獸——貓狗居然是親戚

在哺乳動物中，有兩大家族一直是死對頭，牠們就是貓科動物和犬科動物。

貓科動物的代表有老虎、獅子等，牠們長著圓圓的臉蛋，總想證明自己是最強大的猛獸。

犬科動物的代表有狼、狗等，牠們的腦袋長長的，體型沒有貓科動物大，所以喜歡群體作戰，這樣一來，牠們的威力就非常大了，牠們也總想證明自己的厲害。

兄弟相殘，我是看在眼裡急在心裡啊！

要知道，在四千兩百萬年前，貓和狗本是一家，牠們都是由一種叫古貓獸的動物演化而來的，何必成為仇敵呢？

古貓獸長什麼樣？

古貓獸，又稱小古貓，其實牠跟貓一點關係也沒有。不過牠確實長得有點像貓，確切地說應該是兔子和貓的綜合體。牠的個頭像鼬，有三十～五十公分長，全身披著較為堅硬的毛髮，身體和尾巴都很長，不過腿很短，說明牠仍然具有古生物的特徵。

古貓獸的每隻腳都有五個爪子，後腿比前腿長，這使得牠的奔跑速度變快，後來的貓科動物和犬科動物都繼承了牠這個特徵。

牠的牙齒數量也跟史前哺乳動物一樣，有四十四個，而且牙齒很大，後來隨著時間的發展，牠的牙逐漸縮小，並演化如今野獸的樣子。

牠的腦容量變大了，說明牠比之前的動物更

加聰明，正是因為有了牠，哺乳動物才變成我們王國中最聰明的一個家族。

牠與狗有哪些相似處？

古貓獸的盆骨的形狀和結構都比較像狗，而牠的脊骨也跟狗比較相近，所以牠更擅長奔跑。

當樹林裡其他動物想要欺負古貓獸時，往往不能如願以償，因為古貓獸跑得太快了，只需一溜煙的工夫，就無影無蹤。

牠與貓有哪些相似處？

古貓獸的爪子可以伸縮，這一點和貓完全一樣，而且牠還會爬樹，主要在樹上活動。

古貓獸之所以把家安在樹上，一方面是發揮了自己的優勢，另一方面則是可以躲避敵害，保證自己的安全。

牠的視力也非常好，甚至用肉眼就能測出獵物或敵人距離自己有多遠，這可比望遠鏡厲害多了！

牠的食物有哪些？

古貓獸雖然是食肉動物，但性情不算兇猛，牠可不敢隨便去攻擊比自己體型大的動物，因此就專門捕食一些小動物，如鳥、蜥蜴等。

為了加強營養，當牠吃不到多少肉時，牠會尋找其他食物來充饑。

牠會去吃爬行動物的蛋，而且因為個頭小，不容易被發現，所以經常能盜竊成功，不過這樣一來，爬行動物就很慘了，牠們的子孫數量一直都在減少。

另外，古貓獸還會找樹上的漿果吃，牠覺得果子酸酸甜甜的，很開胃，適合當飯後甜點，看來古貓獸還是個美食家！

32

大熊貓——國寶的待遇就是不一樣

我們動物與人類的關係一直不怎麼友好，因為人類就喜歡破壞大自然，或者活捉動物，甚至把好多動物都當成了桌上的美餐，所以我對人類的印象不太好。

可是有一種動物，從牠誕生之日起就受到了人類的熱烈歡迎，人為牠建造了自然保護區，還派了很多專家來照顧牠，甚至為牠買了很多食物，真是令我們羨慕不已。牠叫大熊貓，如今已經成為人類的國寶，也就是國家的寶貝。真不明白同樣是動物，為什麼熊貓的命會這麼好！

牠為什麼受歡迎？

大熊貓之所以被人所喜愛，其實要多虧牠那副可愛的長相。

牠的身子胖乎乎的，像一隻熊，可是牠的臉圓圓的，耳朵也圓圓的，連眼睛也很圓，還有兩個大大的黑眼圈，看起來一點也不兇，反而憨態可掬，連我都覺得牠可愛極了。

大熊貓長一．二～一．八公尺，牠的尾巴很短，像個小肉球一樣地掛在屁股後面，走起路來一扭一扭的，很好玩。

牠的身體黑白相間，不過白顏色中

帶著黃色，而黑顏色中又透著褐色，所以不是純色的，儘管如此，人們還是喜歡牠。

牠最愛吃什麼？

大熊貓愛吃其他動物幾乎不吃的食物——竹子，牠基本上靠吃竹子為生，偶爾牠也開一回葷，吃幾隻竹鼠來打打牙祭。

由於竹子很堅硬，所以大熊貓的牙齒也變得很結實，牠擁有食肉動物中最強大的臼齒。

為了抓住竹子，牠的前掌長了六個指頭，其中一個是大拇指，可以方便牠握住細長的竹子和爬樹等。

不過，牠是一種原始動物，不能很好地消化竹子，因此只能不停地吃，然後不停地上廁所，所以牠每天花在吃飯上的時間達到了十二～十五小時。而即便如此，牠吃進去的食物最後也幾乎全都排泄出來了，真不知道牠長那麼大的個子，會不會營養不良啊！

牠愛做什麼？

由於身體很難儲存營養，大熊貓只得避免過多地消耗能量，所以牠喜歡慢慢行走，連爬一下坡都不願意，而且每次吃完東西後還要休息二～四個小時，給大家一種懶洋洋的感覺。

在不吃飯也不睡覺的時候，牠還是挺愛玩的，喜歡和同伴嬉戲。

野生大熊貓還喜歡接近人類的住所，牠有時會光顧牲口圈，和牛、羊等牲口同吃同住，牠還愛把鍋碗瓢盆等圓圓的東西當成自己的玩具，常常會偷一些回來，玩膩了就丟掉，然後繼續尋找新的玩具。

牠的脾氣好嗎？

其實仔細觀察一下，我們就會發現，大熊貓的身上保留著猛獸的特徵。

比如牠的爪子又長又尖，如果牠發起火來，很容易把人抓傷，牠的牙齒也很銳利，還長有鋒利的犬齒。

其實，牠的脾氣非常好，還很害羞，見到陌生人時，總要用胖胖的手掌捂住臉，不好意思抬頭看別人。牠也不愛發火，如果在野外碰到其他動物時，總是慌張地逃開，不會主動進攻。

不過，如果牠當上了媽媽，就不一樣了。

牠會把看到的所有動物都當成搶牠寶寶的敵人，然後牠大發雷霆，隨時準備撲上前去大打一架，那氣勢真的很令人害怕呢！

第四章

平民的辛苦有誰知

1 三葉蟲——為了子孫，也是夠拚的

從這一章開始，我就要講一講我們王國的建設者，牠們是一群平民，卻也是最值得表揚和尊敬的動物。

如果沒有牠們，地球上就沒有可以吃的食物，也沒有大家能住的房子，而無脊椎動物平民如果不在數億年前出現，也就不會演化出如今這麼多的動物，就沒有你我存在了，所以牠們真的貢獻很大。

不過，作為王國裡默默無聞的一群動物，平民們所吃的苦是最多的，牠們有很多辛酸事要跟大家說，今天我就來為大家講講動物平民的事蹟，讓大家明白牠們有多不容易。

第一個就從三葉蟲講起吧，牠是歷史最悠久的平民。

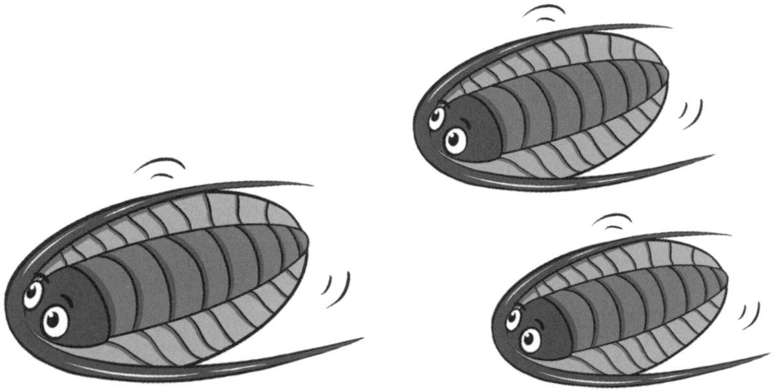

牠為什麼叫三葉蟲？

三葉蟲是一種蟲子，但牠為什麼要叫三葉蟲呢？難道是牠有三片樹葉嗎？

當然不是，而是因為牠的身體分成了左、中、右三個部分，左側和右側是肋葉，中間部位凸起，稱為中軸。

此外，牠還可以被分為頭、胸、尾三部分，牠的全身都披著一層堅硬的外殼，胸部一節一節的，有二～四十個胸節組成，尾部呈半圓形，有一～三十個尾節，所以牠有了「三葉蟲」這個名字。

牠有什麼特長？

三葉蟲有二十～三十公分的觸鬚，既可以品嘗東西的味道，又能作嗅覺器官，真是一舉兩得。

牠還有一雙複眼，每只複眼由上千隻單眼組成，不過有些三葉蟲住在深海裡，由於常年不見陽光，用不著眼睛。

牠有什麼愛好？

三葉蟲的游泳技能不是很強，所以牠們在海中的多數時間都在漂流。

另外，牠還喜歡在比較淺的海底居住和爬行，由於牠身體扁平，頭部堅硬，可以像一把鐵鏟一樣在泥沙中一邊挖土，一邊前進。

也許大家會擔心三葉蟲被泥沙埋住，其實不用擔心，牠的身體兩側和尾部都有尖刺，能夠穿出泥土，所以不會有危險的。

牠是最早的食腐動物，愛吃海底各種動物的屍體，此外牠也吃細小的海藻，所以是雜食性的動物。

牠有什麼貢獻？

三葉蟲誕生於五．六億年前，是地球上節肢動物的祖先，而節肢動物是如今我們王國中最多的動物，所以沒有三葉蟲，自然界就沒那麼興旺啦！

但是，三葉蟲只有三～十公分長，幼蟲就更小了，所以牠很容易成為鸚鵡螺等霸王的食物。再加上一億年後，海洋裡出現了兇猛的鯊魚和其他魚類，三葉蟲的敵人越來越多，為了保衛牠的子孫，牠必須做出改變。

牠怎樣保護自己？

三葉蟲真的很拚命。

五億多年前，牠的身體是沒有刺的，過了一億年後，牠讓身體的外沿長出了細密的尖刺，這些刺不僅能幫助牠更快地游泳，還能對付兇惡的敵人，讓對方覺得難以下口。

又過了幾千萬年，牠學會了讓自己的身體蜷曲，使頭部和尾部能緊密地連接在一起，這樣的話，牠就讓背部的硬殼把身體包裹起來了，牠甚至學會了蜷著身體游泳，雖然肚子被蜷曲得很疼，但為了活命，還是忍一忍吧。

正是因為三葉蟲勤奮地提升自己，所以牠一直活到了三疊紀末，足足在地球上存活了三億多年。雖然牠已經消失，但牠的後代依然銘記牠的精神，始終不曾忘懷。

2

蟑螂——最讓人討厭的老前輩

在動物祖先中，有一位最不受大眾歡迎的平民，大家都不喜歡牠，覺得牠髒，而且賊頭賊腦的，誰看見牠都想趕牠走。

牠就是蟑螂，一個出生在三億多年前，也遭受了三億多年辱罵的老前輩。

為此，蟑螂也很難過，給我寫了一封長長的信，希望我能為牠洗刷冤情。我看完信後很震驚，就盡自己所能公正地替蟑螂說話吧！

牠是最早的昆蟲

蟑螂是地球上最早出現的昆蟲之一，甚至在恐龍還沒出現之前，牠就已經誕生了。早期的蟑螂和如今沒有多大區別，不過牠的生命力卻越發的頑強，已經遍佈了當今世界的各個角落，大家都說牠是打不死的，對牠除了憎恨，還有一絲驚歎。

不全是害蟲

人類將蟑螂當作害蟲，我們動物也覺得蟑螂整天在垃圾堆裡爬，身上帶了很多細菌，所以大家都很討厭牠。其實，全世界的蟑螂有六千種，只有五十種是害蟲哦！世界上最重的蟑螂在澳洲，名叫犀牛蟑螂，重三十公克；最小的在北美洲，只比紅螞蟻稍長一點點；最出名的叫「嘶嘶」，出生於馬達加斯加島，能發出嘶嘶的響聲，牠還在二〇一三年搭乘過太空船進入太空呢！

這幾種蟑螂都不屬於害蟲。

黑暗中的小偷

儘管體型有大小，蟑螂長得都差不多，扁平的身體呈黑褐色，有觸角，還有黑殼一樣的翅膀，但是不怎麼飛，不過走得很快。

牠喜歡黑暗、溫暖、潮濕的環境，經常在水邊活動，牠還喜歡群居，經常幾十隻、幾百隻地出沒。

蟑螂一年四季都能繁殖，一隻雌蟑螂一次能生出一百～五百隻小蟑螂，一年甚至可以繁殖十幾萬隻後代，實在數量驚人。

牠愛吃很多東西，而且不挑食，連肥皂和小動物屍體都吃，更別提那些麵包啊，糕點啊之類的食物了。牠最愛的是香麻油，所以還多了一個外號，叫「偷油婆」。

牠為什麼被人討厭？

蟑螂有個特別壞的習慣，那就是不好好吃飯，一邊吃，一邊上吐下瀉，把食物糟蹋得亂七八糟，讓我看了也覺得很噁心。

所以，蟑螂就傳播了很多疾病，如傷寒、肺結核、霍亂、肝炎等，讓人類恨之入骨。聽說人類為了殺蟑螂，採取了很多措施，可蟑螂的生命力太強了，根本沒法趕盡殺絕。

打不死的「小強」

人類最終悲哀地發現，哪怕原子彈爆炸了，蟑螂仍舊能存活。

牠還有其他超強的本事，比如就算不吃飯只喝水，也能活三個月，而牠最厲害的，就是即使頭沒了，還能生存一個星期。

為什麼牠會有這個絕招呢？原來，牠的血液能馬上凝固，而且牠的身體各處都有小氣孔，就算沒有腦袋也能呼吸。

牠其實很愛乾淨

不要以為蟑螂是個撿垃圾的破爛王，其實大家都誤會牠了！

蟑螂比人還要愛乾淨，除了睡覺、吃飯，在其他時間裡，牠都在擦拭自己的身體。牠的觸角很有用，能快速幫牠找到食物，所以蟑螂一有時間就清理觸角。牠用前腳把觸角拉到自己的嘴巴裡，然後舔啊舔啊，一直把觸角上的一百七十五個關節舔乾淨為止。

可以做藥材

中國人在很早的時候就發現，一種叫地鱉的蟑螂可以成為珍貴的藥材。

人類將蟑螂烘乾，可以研製成促進傷口癒合的藥物，所以到了現代，有些人也開始養殖蟑螂，沒想到蟑螂這種害蟲竟然還有這種用處，大家都想不到吧！

3 層孔蟲——海洋母親有了避風港

當鳥兒飛過大海，牠們經常會看到海面上點綴著大大小小的礁石。

這些礁石是長途遷徙的候鳥的避風港，有了牠們，鳥兒才能停下來休息一下，否則一定會累個半死。

礁石也是其他生物的居住場所，比如鮑魚，牠就喜歡附在礁石上生活。

所以，大家都非常感謝海洋母親，感謝她為自己提供了這麼好的避風港，但其實誰都不知道，礁石的真正創造者是層孔蟲啊！可惜牠已經滅絕了，否則我一定要帶領大家好好地報答牠。

牠的名字由來

層孔蟲是很小的一種生物，牠們喜歡群居，經常聚在一起組成堅硬的柱狀體岩石。

在岩石的表面，常有星形的小溝或者類似小山丘似的突起，看上去彷彿石頭上長了一個一個的小孔，所以我們就叫牠「層孔蟲」了。

牠到底長什麼模樣？

單個的層孔蟲比珊瑚蟲要大一些，有些甚至能達到一公尺長，牠的骨頭含有石灰質，而且長得奇形怪狀，有些像一個球，有些又像一根樹枝、一塊餅乾。

牠的皮膚也很粗糙，還十分堅硬，長出了小瘤、小

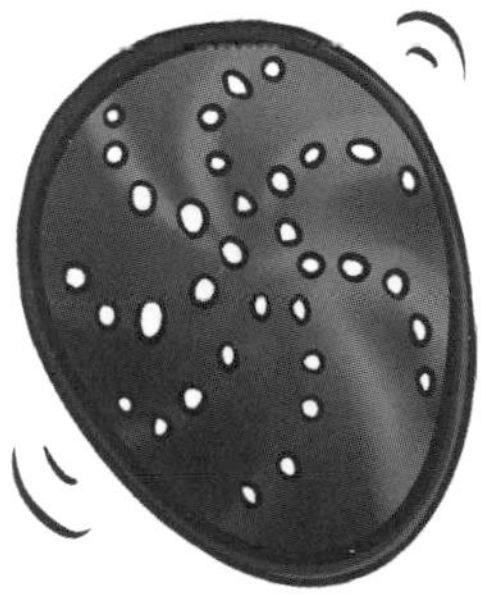

刺，表面也坑坑窪窪的，十分難看。

不過，可別因為層孔蟲不好看而看不起牠哦！如果沒有牠的話，海洋中的一些巨大的礁石就不會出現了。

牠誕生於何時？

層孔蟲知道自己肩負著建造礁石的重任，所以牠在很早的時候就來到了地球。五億年前，層孔蟲誕生了，七萬年後，牠在海裡的數量達到了前所未有的程度。

不過，到了一．三七億年前，牠在白堊紀生物大滅絕時期消失了。

牠有什麼喜好？

層孔蟲雖然骨頭硬，卻沒有脊椎，所以行動不方便。

牠就和小夥伴們住在一起，大家齊心協力，每一天都勤勤懇懇地建設著，讓礁石一點一點變大、從海底逐漸升到水面上。

牠很愛乾淨哦！如果海水很髒的話，牠是不會居住的。牠最喜歡溫暖、有陽光、經常流動的淺海，因為每天都要開工，經常搞得身上很髒，所以回家後能及時沖個熱水澡是再舒服不過了！看來層孔蟲的這個要求也不算過分。

牠的搭檔是誰？

後來，牠發現自己的家族成員正在減少，心裡頭焦急萬分，牠想：我還沒把海洋母親交給的任務完成呢！這可怎麼辦呀？

正巧牠身邊的珊瑚蟲說：「我來幫你吧！」

層孔蟲很高興結識了珊瑚蟲這個好夥伴，於是牠們就一起搭建生物礁，還發揮聰明才智，把巨大的藻類也做成了礁石的原材料。

由於兩個好朋友的合作，海洋中出現了無數的礁石，即使層孔蟲在一億多年前離開了自然界，那些礁石也仍舊發揮著巨大的作用，我們不得不敬佩牠的勤勞。

4 菊石——運氣糟糕的繼承者

生兒育女，是動物們的義務，正是因為生生不息的繁衍，才有了如今我們王國的興盛。

就算是史前動物，也會養育後代，比如我的老朋友鸚鵡螺，牠就生出了菊石這個後代。

誰知，菊石的運氣比鸚鵡螺差多了，牠誕生於四億年前，在此後的日子裡存活了三億多年，最後消失得無影無蹤。相反，鸚鵡螺直到今天還生存在地球上。看來菊石這個繼承者運氣真是很差啊！

牠像鸚鵡螺嗎？

由於是從鸚鵡螺演化而來的，所以菊石的樣子跟後者比較相似。

牠的殼大部分也是捲曲的圓形殼，而且也分前、後、背、腹，開口是前方，那是牠柔軟的身體用來居住的地方，叫「住室」，殼的其餘部分充滿空氣，叫「氣室」，所以菊石也能像鸚鵡螺那樣沉下去又浮上來。

因為要背著一個沉重的殼，所以菊石根本游不快，牠與鸚鵡螺一樣，只能在水中緩緩地前進，而且如果想轉彎，還需要費很大的力氣才行。

牠變樣了嗎？

菊石覺得不能總跟在鸚鵡螺的屁股後面，牠想擁有自己的個性，就長出了一些鸚鵡螺沒有的特徵。

首先，牠沒鸚鵡螺那麼大。

牠的殼直徑最小才一公分，大部分直徑在幾公分到幾十公分間，只有最大的能達到二公尺。

另外，牠的殼還有其他的形狀，如三角形、塔形、杆形等，殼的表面或光滑，或長有精美的花紋，估計菊石姑娘很愛美，想要更漂亮，所以才給自己打造了與眾不同的房子吧！

最後，牠的殼口長出了一個蓋子，當菊石的身體完全縮到殼裡的時候，蓋子會像門一樣地關上，起到保護菊石的作用。

後來，這個蓋子從一個變成了兩個，讓菊石覺得更加安心了。

牠的親戚是誰？

當菊石要去打獵時，牠會從殼裡伸出幾十隻觸手，去抓牠看中的獵物。這副模樣是不是跟章魚有點像呢？

沒錯，菊石有一些軟體動物親戚，而且牠的親戚們現在還活得好好的，如烏賊、章魚、魷魚等。

話說這些親戚都早早地脫去了笨重的外殼，才能游得更快，更能躲避敵人的攻擊，可惜，菊石就是不肯放棄牠的殼，太死腦筋了！

牠竟是天神？

在埃及神話中，阿蒙是埃及人崇拜的天神，這個神長有帶角的羊頭，由於菊石的樣子很像羊角，所以菊石就被當成了神石，據說，牠可以預測未來哦！

在英國，菊石也很受歡迎，巫師說他們可以利用菊石來喚醒神靈，如果菊石在生前知道自己竟然成了天神，是不是該偷笑了？

牠的結局如何？

最開始，菊石家族的成員是棱菊石，因為牠的殼之間的裂縫帶有尖銳的棱角。棱菊石存活了一．五億年，沒有熬過二疊紀的嚴酷考驗，從此消失，然後齒菊石繼承了家業，開始在海洋打拚。

沒想到，牠只活了五千萬年，也跟著滅絕了。

而後，又有了腹菊石、白羊石、箭石等後代，但一代不如一代，菊石晚輩存活的時間越來越短，最終徹底滅亡，令牠的祖先鸚鵡螺連聲歎息。

菊石與地球年齡

菊石的化石分布得很廣，這是因為地球自侏羅紀時代起，大陸之間開始分裂，所以菊石化石的埋藏地點也跟著漂移到了全世界。

人類科學家根據菊石的分布，可以將每一個地質年代精確劃分到五十萬年。比如侏羅紀，就因為菊石，而被推算出是從一．九九六億年前開始，到一．四五五億年前結束的。

要知道，地球的年齡有四十六億年，所以五十萬年是很精確的一個時間段哦！

5 珊瑚蟲——幫魚類造房子的「工匠」

在陸地上，有美麗的鮮花為大自然帶來迷人的氣息，而在海洋中，同樣有著千奇百態的「花朵」，讓黑暗的海底充滿了詩情畫意。

這些「花」就是珊瑚，牠們沒有生命，卻絢麗多姿，而且還會不停地「生長」，成為了各種魚類的住所。

誰都不知道，在珊瑚優美的軀幹背後，每天都有無數隻珊瑚蟲在勤勤懇懇地工作，牠們幫著魚類建了很多房子，卻從來不得意忘形。

珊瑚蟲長什麼樣？

珊瑚蟲是腔腸動物，牠們的個頭嬌小，通常長〇．一～〇．三公分，也有一些成員個子相對比較大，有二十五公分長。

牠的身體是個中間空的圓柱體，嘴巴長在身體的上端，在牠嘴部的周圍還有一圈觸手，可以撈取浮游生物，觸手上面的細絲還具有麻痺小動物的功能，所以可不要小看了珊瑚蟲哦！

珊瑚是動物嗎？

由於珊瑚能夠不斷變大，所以大家都以為牠是動物，其實，牠只是珊瑚蟲的屍體。

原來，珊瑚蟲喜歡群居，牠們聚在一起時，就形成了形狀各異、色彩繽紛的珊瑚礁。當年老的珊瑚蟲死去時，牠們的骨骼就會積壓在珊瑚礁上，成為礁石的一部分。

珊瑚蟲的骨骼特別堅硬，跟石灰一樣，所以由牠的身體構成的珊瑚也很堅固，足夠成為魚類的居住地。

珊瑚蟲有什麼喜好？

珊瑚蟲是一種非常團結的動物，牠們平常住在水溫高於二十℃的淺海地帶，當水深達到一百～兩百公尺時，牠們就開始定居下來，然後齊心協力組建成珊瑚石的骨架，讓大家都連為一體。

當珊瑚蟲在珊瑚石上定居下來後，神奇的事情發生了！

牠們的身體也成為了一個整體，大家的嘴巴還是分開的，但胃卻變成了共用的，這樣無論誰吃到東西，其他珊瑚蟲也都不會餓了。

珊瑚礁有什麼作用？

在海底，珊瑚礁就像一棵大樹一樣，是許多生物的棲息場所，我這個老海參也住在這裡，如果哪一天珊瑚礁消失，我肯定會活不下去。

另外，珊瑚礁能保護海岸不被海浪侵蝕，因為牠能夠緩解海浪的衝擊力。當珊瑚被海浪衝擊成細沙後，還能補充被海潮捲走的細沙，所以牠對環境的作用非常大，值得我們好好保護哦！

珊瑚的顏色

珊瑚蟲的骨骼是白色的，按理說珊瑚礁也該是白色的才對，為何海洋裡的珊瑚卻是五顏六色的呢？

原來，這跟海水中所含的元素有關。

當海水含有鐵元素時，珊瑚就成了紅色，可用來做名貴的珠寶；當海水含鐵量非常少時，珊瑚則會呈現粉紅或粉白的顏色；當海水含鎂元素時，則珊瑚的顏色是純白的，純白的珊瑚也可製成很珍貴的首飾呢！

6 千足蟲——最討厭穿鞋子的「清潔工」

在動物王國裡，有一個傢伙的腳特別多，居然超過了四百隻，所以牠每次穿鞋子都非常頭疼，覺得太浪費時間了。

而且牠還是我們王國的清潔工，每天太陽一下山就要出門打掃衛生，時間很緊迫，可為了給每隻腳都穿好鞋子，牠卻要花費相當多的時間，這太讓牠心煩了，恨不得把自己的腳都砍掉。

這個倒楣的傢伙是誰呢？牠就是千足蟲，一個整天為穿鞋子和脫鞋子煩惱的動物。

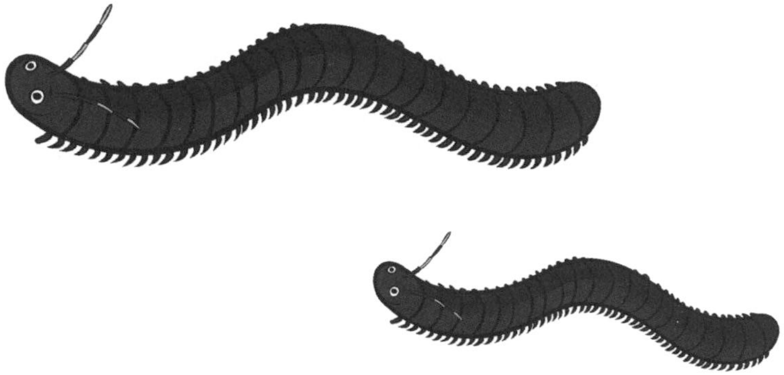

牠的腳到底有多少？

千足蟲的學名叫馬陸，是一種節肢動物，牠的第一節無腳、第二～四節是每節一對腳，其餘每節都有兩對土黃色的腳，所以腳很多，大家就喊牠為「千足蟲」了。

一般情況下，千足蟲的腳有兩百對，但牠的家族中，有些成員的腳可不止這個數目，比如在北美巴拿馬山谷生活的一種千足蟲，牠全身有一百七十五節，所以腳就有六百九十隻，是世界上腳最多的一種動物。

牠個頭大嗎？

有人會問：千足蟲既然有那麼多隻腳，個頭是不是很大呀？

其實牠一點都不算大，因為牠的腳很細很小，所以身體不需要長得很大。

千足蟲一般長二～三．五公分，當然也有大傢伙，長十二公分。

牠的身體呈暗褐色，但有一種千足蟲卻穿著粉紅色的衣裙，但是，雖然好看，卻含有劇毒，所以千萬別觸碰哦！

千足蟲有十一～一百多節。在牠的節中，只有前四節是頭，後面的每對節都有著相同的器官——二對神經節和二對心動脈。牠的頭上長了一對觸角、一雙單眼和一對大齶和一對小齶，除了粉紅千足蟲，其他千足蟲是沒有毒的，所以大家不用害怕這個難看的清道夫。

牠有什麼喜好？

千足蟲喜歡陰涼而濕潤的地方，牠白天都躲在草地裡或者土壤的下面，讓自己好好休息一下。

到了晚上，牠趕緊把鞋子穿好，然後抹一抹汗水，慢悠悠地去腐敗的植物上勞動了。

牠是個喜歡吃「爛菜」的動物，那些落葉啦，腐爛的木頭啦，都是牠的美食，要是少了牠，森林環境就要變糟糕了。

不過，牠有點貪吃，有時面對著植物鮮嫩的幼苗，會情不自禁地流口水，然後亂咬一通，讓自己成了害蟲，所以我總教訓牠，讓牠管住自己的嘴，不然會吃大虧的！

牠有什麼本事？

千足蟲那麼小，有沒有什麼大鉗子，當遇到敵人時，牠該怎麼保護自己呢？

這時，牠靈機一動，就地打了個滾，讓自己蜷成一團，而且牠的身體上還有臭腺，能分泌出難聞的味道，敵人就會以為千足蟲已經死了、發臭了，覺得很噁心，再也不會吃千足蟲啦！

牠的作用有多大？

當溫度變高時，千足蟲的胃口也會變大，所以在春天和夏天的時候，牠清理垃圾的速度會增快。

牠吃完東西後，會排出容易分解的糞便，這樣那些垃圾就會重新回到土壤中，然後成為肥料，繼續孕育森林裡的其他植物。

千足蟲從小就為牠所作出的貢獻感到自豪，所以每隔一段時間，牠都會蛻一次皮，讓自己長得更大些，好完成將來的工作。

但是麻煩卻也來了，牠的腳也會增多，讓牠非常苦惱。

7 蒼蠅——都是眼睛惹的禍

蒼蠅是我們在夏天經常能見到的一種昆蟲，牠嗡嗡亂飛，還喜歡往垃圾堆裡鑽，搞得身上臭烘烘的，所以大家都不怎麼喜歡牠。

蒼蠅的歷史也很悠久，牠誕生於幾億年，當時牠的模樣和現在差不多，只是頭部中央凸起了一塊，上面長著牠的第三隻眼睛。

誰知，蒼蠅為這隻多餘的眼睛付出了慘痛的代價，這是怎麼一回事呢？

牠有幾個兄妹？

蒼蠅家族的成員有家蠅、金蠅、綠蠅、麻蠅、市蠅這五個兄弟姐妹，除了大哥家蠅和小妹市蠅和人住在一起外，其他三兄弟都喜歡住在大自然中。

這五兄妹長得很像，都是腦袋上長了一對大大的複眼，擁有六隻腳，背上長著一對薄薄的翅膀，飛行的時候會發出「嗡嗡」的聲音。

不過，牠們的身體大小和顏色不一樣，四哥麻蠅身體最大，長一．三公分，五妹市蠅最小，只有〇．四～〇．七公分。大哥家蠅身體是深灰色的；金蠅是個胖子，身體閃著藍綠色的光澤；三哥綠蠅則是古銅色或青綠色；四哥麻蠅的身上有三道黑色的條紋；五妹市蠅則是淺灰色的，身上只有兩道黑色條紋。

牠愛做什麼呢？

蒼蠅喜歡在白天的時候出來活動，晚上休息。牠還喜歡溫暖的環境，只要氣溫高於十°C，牠就能飛行，不過，當氣溫高於三十五°C時，牠就會熱得氣喘吁吁的，從而停止活動，一旦溫度達到四十五°C，牠就會死亡。

作為一個貪吃鬼，牠非常貪婪，看到好吃的就巴不得全部吃掉，牠還愛吃腐敗的食物，所以常會出現在髒亂差的環境中。

在吃東西前，牠會先向食物吐口水，好幫助自己消化，於是細菌就隨著牠的口水一同來到了食物上，而且牠和蟑螂有著同樣的壞毛病，就是一邊吃一邊排泄。種吃法真是要多髒有多髒，想想都讓我噁心啊！

牠為什麼愛「搓腳」？

蒼蠅的味覺器官不是嘴，而是長在腿上。

牠的腿毛茸茸的，上面長有很多小絨毛，這些絨毛就能察覺出食物的味道，所以牠總是在不同的食物上跑來跑去，將食物和細菌都沾到了腳上。

當牠要起飛時，覺得腳太重了，根本飛不高，於是牠就不停地搓著腳，把食物碎屑搓掉了，可這樣的話，牠腳上的細菌也一起落了下來，如果落到食物上就糟了，所以人類都很討厭不愛衛生的蒼蠅。

牠沒有優點嗎？

大自然是公平的，如果蒼蠅滿身都是缺點的話，那牠就不會出現了。

其實蒼蠅也為地球作出了一些貢獻，比如牠喜歡吃甜食，所以在戶外的蒼蠅能像蜜蜂一樣幫助植物傳授花粉。

人類發現蒼蠅的幼蟲，也就是蠅蛆能吃掉傷口上的腐肉，幫助疾病的痊癒，所以小小的蒼蠅還是一個醫生呢！

後來，又有人發現蠅蛆含有豐富的蛋白質，可以用作動物的飼料，所以人類竟然開始飼養蒼蠅，真是讓大家都驚奇不已。

牠的眼睛怎麼沒了？

我說過，遠古的蒼蠅是有第三隻眼睛的，那後來這隻眼睛怎麼沒了呢？

在一億多年前，蒼蠅的祖先去野外搜尋食物，牠來到了一片松樹林裡。

正當牠想穿越幾根樹枝時，沒料到頭頂上正掛著一滴松樹剛分泌出來的松脂，結果牠頭頂上的那隻眼睛被黏在松脂上了，任憑牠怎麼掙扎，都無法掙脫。

越來越多的松脂滴落下來，蒼蠅逐漸被包裹在松脂裡，又埋入地下，成了琥珀，而牠的後代在得知了這個消息後，都很害怕，再也不敢長出多餘的眼睛了，於是就成了我們如今看到的兩隻眼的樣子了。

唯一被人類喜愛的蒼蠅

全世界只有一種蒼蠅與其他蒼蠅不一樣，牠乾淨，不會發出噪音，而且還能成為人類的寵物，牠就是澳大利亞的蒼蠅。這種蒼蠅的個頭很大，全身顏色是柔美的金黃色，能夠被當作魚餌使用，還能成為學校裡的教學材料呢！

8 海膽——走不快的膽小鬼

今天我要介紹一下我的一位親戚，牠就是我的侄子海膽。

本來，我想帶海膽一同來見大家的，可是牠太膽小了，說什麼也不肯露面，我只好獨自來講解牠的情況了。

牠和我一樣，都是無脊椎動物中的棘皮動物。

我們海參雖然很早就誕生了，但海膽的歷史也很悠久，牠也在地球上生存了數億年。只不過，牠有個缺點，就是膽子太小了，總是縮在自己的殼裡不出來。說來牠也挺可憐的，因為全身都是寶，牠成了人類捕捉的物件，不害怕才怪呢！

牠長什麼樣？

因為長年累月地害怕，海膽就把自己表皮上的棘變長變尖，像一枚枚的鋼針一樣，讓別人不敢靠近。時間一長，牠就成了一個圓乎乎的紫色「刺蝟」，所以牠也有了幾個外號，如「海底樹球」、「龍宮刺蝟」等。

牠的棘看起來很僵硬，其實是可以動的哦！而且，牠的棘還有不同的功能呢，有的負責走路，有的負責採集食物，還有的則負責探聽外界的情況。

既然牠渾身長著尖刺，牠怎樣吃飯呢？

其實，海膽的嘴巴周圍是沒有刺的，牠的嘴長在腹部，平時埋在沙子裡，看不出來而已。

牠有什麼習慣？

海膽要麼住在海底的石頭縫裡，要麼住在有著堅硬泥沙的淺海裡，牠白天睡覺，晚上出來活動，也是個夜貓子。

牠很愛吃，如果食物多，牠就高興，就會每天走一公尺多的路；如果食物少，牠就生氣了，每天只肯移動十公分，真是懶啊！

牠分肉食和草食兩種，肉食性的海膽愛吃蠕蟲、海裡的軟體動物和其他棘皮動物，草食性的則以海藻為主要的食物。

海膽生長得很快，只需要三年，牠就長大了。成熟後的牠很快就當起了爸爸媽媽，而且牠還喜歡舉辦集體婚禮，只要有一隻海膽開始生寶寶，其他海膽也會一窩蜂地生兒育女，看來牠們很愛湊熱鬧呢！

牠有什麼作用？

海膽雖然小，只有三～十公分長，卻是貢獻極大的動物。牠常被人類用作餐桌上的美味，也被用作藥材，治療很多疾病，甚至能治療癌症。一旦海膽被人類捉住，牠就沒命了，但是牠的外殼卻能長久地保存下來，人類將牠的殼製成了各種工藝品，看起來很漂亮，不過卻讓我很心酸。

牠怎樣躲避危險？

海膽這麼有用，牠面臨的危險也是巨大的，所以牠一看到敵人，就會嚇得落荒而逃。

可惜牠跑不快，因為牠的身體上雖然有很多透明的管足，但管足都特別細小，不能用來走路，只能緊緊地抓住岩石。這時候，牠身體下方的棘刺托起了牠的身體，這樣海膽才可以艱難地行走。

好在牠有個秘密武器，就是牠的毒液。

當海膽遇到敵人時，牠就用自己的棘針刺入對方的皮膚，排出了毒液，更厲害的是，牠還會拗斷棘針，讓敵人的皮膚腫起來，真是有一手啊！

9

蚯蚓——不怕截肢的貪吃鬼

每當下雨的時候，總有一些動物高興地出來呼吸新鮮空氣，牠們不怕被雨水打濕了身體，反而美滋滋地哼著小曲。

就比如我認識的一位朋友——蚯蚓，牠就喜歡在下雨天往外走，去尋找好吃的東西。

誰知，一不留神，牠被人踩了一腳，把尾巴給踩掉了。

咦？牠怎麼若無其事地走了？

原來，牠不怕身體斷裂，真是神奇！

牠長什麼樣？

蚯蚓一般長約六～十二公分，淡褐色的身體一環一環的，拼接起來像一個長長的圓筒，牠的頭部比尾巴要尖，比較容易辨認。

在牠身體靠近頭部的地方，有一個分節不明顯的環帶，這個環帶很有作用，因為牠是蚯蚓用來產生卵繭、生養子女的器官。

牠的腹部顏色比背部要淺，而且除了頭部的兩處體節外，其餘的體節中間都有細小的鋼毛，可以用來支撐牠的身體和輔助爬行。

此外，在十一個體節以後，牠的背部會長有背孔，可以讓牠即便在土壤中也能順暢地呼吸，同時還能提升身體的濕潤度，作用很大。

牠愛吃什麼？

蚯蚓一點也不挑食，除了玻璃、塑膠和橡膠之外，幾乎沒有不吃的，甚至連土壤中的細菌、金屬牠也吃。

不過牠更愛甜酸的口味，還巴不得食物越熱乎、越柔軟才好，此外牠很貪吃，每天都要吃掉跟自身體重相等的東西，撐得爬都爬不動了。

牠有什麼喜好？

蚯蚓喜歡住在潮濕的土壤中，而且牠也是個到了晚上才活動的動物，在夏天，牠凌晨四點就起來了，要一直忙到晚上八點，真的很辛苦。

牠愛往安靜、溫暖的地方鑽，如果溫度低於八℃，牠就變得懶洋洋的，連說話的力氣也沒了，還停止了生長。

牠還喜歡一個人待著，就算生了孩子，也不和孩子住在一塊，所以大家別為牠總是孤零零的樣子而傷感，其實牠一點都不傷心。

牠怕什麼？

蚯蚓很害怕日光哦！如果讓牠在太陽下活動二十分鐘，牠的一條小命就要沒了。牠還怕吃到鹹的、辣的東西，並且不喜歡在吵鬧的地方生活，一旦周圍的環境亂哄哄的，牠就受不了了，趕緊逃走。

牠有什麼貢獻？

蚯蚓雖然小，貢獻可不小。

牠能分解垃圾，淨化環境，是地球母親的好幫手。

由於牠吃糞便和垃圾的時候把泥土也一起吞進了肚子裡，所以能夠幫助人類鬆土、提高土壤的肥力，對農業生產很有益處。

此外，牠本身還是一味藥材，可以治療血管疾病和癌症。牠還是一種高效肥料和魚餌，不過這樣一來，牠就得送命了，唉，平民就是這麼苦命啊！就算做了再大的貢獻，也得不到大家的感激，還要搭上性命，真是悲慘。

目前，蚯蚓的種類有兩千五百多種，在世界各地都有分布，人類非常感激牠，給牠起了不少外號，比如地龍、堅蠶、曲蟮、引無、卻行等。有個名叫達爾文的生物學家還稱讚蚯蚓是地球上最有價值的動物呢！

牠為何不怕截肢？

蚯蚓有個很強大的技能，就是當牠的身體被截斷後，牠照樣能存活，而且還能長出新的尾巴。

為何牠能具備如此強大的能力呢？這是因為牠的肌肉裡有大量的可再生的細胞，當牠的身體斷裂後，牠的傷口能夠迅速閉合，然後身體也開始重新生長，不久後，牠的身體又恢復原狀，真是令人驚訝！

10

螞蟻——自然界力氣最大的「小不點」

在我們王國裡，有一群整天忙忙碌碌的「小不點」，牠們完全不知道什麼叫做「休息」，真是令我們佩服。

牠們就是螞蟻，一群閒不下來的老百姓，儘管牠們的種類超過了一萬一千七百種，卻身材嬌小，看起來毫不起眼。

不過可別小瞧牠們，為了養活一整個家族，牠們能搬運比自身重幾百倍的食物，要問誰是動物世界裡的大力士，小小的螞蟻絕對能奪冠。

牠們有多小？

在螞蟻家族中，雌性要比雄性稍大一點，一般來說，雄蟻長○．五五公分，雌蟻長○．六二公分，不仔細去看牠們，還真看不出來。

螞蟻是典型的昆蟲，分頭、胸、腹三部分，長著六條腿，有黑、褐、黃、紅等顏色，比較常見的是黃螞蟻。牠們的上顎很發達，可以用來搬運食物，牠們的頭上還長了兩根長長的觸角，那是用於打招呼的工具，所以相當重要哦！

牠們有哪些成員？

螞蟻家族分工明確，有蟻后、兵蟻和工蟻這三類成員。

蟻后或稱母蟻，又稱蟻王，是已婚的雌蟻，只負責生兒育女，所以牠的肚子特別大，身體也比其他螞蟻大很多。在大部分種類和情況下只有蟻后負責產卵，部分種類，如猛蟻，蟻后可自己捕食。但是蟻后不能掌控整個蟻群。

雄蟻或稱父蟻，有發達的生殖器官，主要職能是與蟻后交配，完成交配後不久即死亡。

工蟻是個子最小的成年螞蟻，牠們全是不發育的雌性，而且數量最多，善於走路。牠們是最辛苦的螞蟻，需要築巢、採集食物、餵養孩子和蟻后。由於螞蟻會冬眠，所以工蟻一直在為找尋食物而奔波，真的是很辛苦。

兵蟻則是個頭大，沒有生育能力的雌蟻，牠們的上顎非常發達，適合打鬥，能保護家族不被侵犯。

牠們的力氣有多大？

小小的一隻螞蟻，能夠舉起超過自身體重四百倍的物體，能拖走超過自身體重一千七百倍的東西！

如果十隻螞蟻聚在一起，牠們能夠搬運超過牠們體重五千倍的食物，相當於一個七十公斤的男人搬起了三千五百噸的重物！

為什麼螞蟻有這麼大的力氣呢？原來，牠們的腿部肌肉含有一種特殊的物質，只要螞蟻開始活動，這種物質就能產生出巨大的能量，讓螞蟻的腿部變成了一台高效發動機，所以螞蟻的力氣就變得很大了。

螞蟻會說話嗎？

一個螞蟻家族中，最少有幾十個成員，最多則可達到幾萬個成員，可牠們的嘴巴又發不出聲音，該怎麼交流呢？

不用擔心，螞蟻的記性很好，能將一件事情記一輩子，牠們把這些事情變成氣味，通過體內的一個器官發散出去，這樣就能和別的螞蟻「說話」啦！

另外，在牠們的腹部還有一個刮器，能夠通過摩擦發出聲音，製造出諸如「快來救我」、「我很餓」之類的資訊，所以雖然螞蟻不會講話，溝通起來卻毫無問題哦！

牠們是怎麼認路的？

為了找尋食物，螞蟻通常會到離家很遠的地方去活動，那牠們還認得回家的路嗎？

這就多虧了牠們的觸角。

當螞蟻走路時，牠的觸角能沿路發散出一種名叫「資訊素」的物質，這樣就相當於為路線做了標記，螞蟻就不會迷路啦！

蟻穴的未解之謎

螞蟻的巢穴非常牢固，可以一直保持完好的形態，除非土壤發生了問題，這讓科學家們大為驚奇。

蟻穴裡有很多房間，越靠近地面，房間越多，越往下則越少，而最下邊的房間是給蟻后安排的。小小的螞蟻在造房子前，必須得先在頭腦中設計出巢穴的深度，但牠們是怎麼做到這點的呢？目前還沒有誰能知曉。

11

蜜蜂——花兒都喜歡牠們

在六千五百萬年前，地球上出現了很多會開花的植物，植物們需要動物幫忙傳授花粉，可當時大家都不知道怎樣做，讓花兒們很著急。

後來，一個叫蜜蜂的小精靈不知從哪裡冒了出來，牠說自己可以幫助花兒們，這讓所有的花朵都非常高興。沒想到，蜜蜂還為大家帶來了一樣前所未有的美食，那就是蜂蜜。

從此，蜜蜂就成了我們王國裡最忙碌的動物之一，牠又要照顧花兒，又要為我們提供蜂蜜，真的是很辛苦啊！

牠長什麼樣？

蜜蜂也是昆蟲，有兩對翅膀，前一對翅膀要比後一對大。

牠一般長〇．八～二公分，身體是黃褐色或黑褐色的，還披著一層細密的絨毛。

在牠的尾部，有一枚毒針，可以在遇到危險的時候用來刺傷敵人，但一旦毒針刺入敵人的皮膚，就拔不出來了，還會將蜜蜂的內臟給扯出，蜜蜂就會沒命了，真是可憐。

牠有哪些家庭成員？

蜜蜂也有一個大家族，成員分為蜂王、工蜂和雄蜂三種。

蜂王都是雌性，身體細長，一個家族中一般只有一隻，但特殊情況下有兩隻，牠能活三到五年，最長能活九年，比一般蜜蜂要長壽。

工蜂也是雌的，個頭比較小，要做很多勞動，是家族中的保姆，一般數量在一萬到十五萬隻左右，壽命只有一到兩個月，只有在冬眠時牠們能活五到六個月。

雄蜂是最慘的，一個家族中只有五百到一千五百隻，牠們一旦與蜂王結婚，壽命也就終止了，其他雄蜂雖然因為不結婚而撿回一命，但懶散的牠們會被工蜂趕出家門，所以蜜蜂家族幾乎全是娘子軍哦！

牠的家族會無限壯大嗎？

蜂王生的寶寶越來越多，是不是意味著蜜蜂的家庭成員會越來越多呢？

當然不是。

當蜜蜂寶寶出生後，蜂王會用自己的食物——蜂王漿餵養所有的孩子三天，三天過後，工蜂寶寶們都會搬離蜂王的房間，只有仍舊和蜂王在一起的孩子才會成為蜂王。

當新蜂王誕生後，老蜂王就會率領自己的老部下搬出蜂巢，另外建造一個新的家，所以家庭成員的數量是不會增多的。

牠怎樣傳授花粉？

蜜蜂的食物是花粉和花蜜，所以牠得鑽到花蕊中去勞動。在牠的最後兩條腿上，分別有兩個「籃子」，花粉會落到籃子裡，被蜜蜂帶到別的花朵裡去。

另外，蜜蜂身上的絨毛也容易黏上花粉，所以當牠不停地在花叢中飛來飛去時，花粉就傳播開來，讓花兒們很開心。

牠怎樣釀蜜？

蜂蜜是由花蜜轉化來的，當蜜蜂吸入花蜜後，牠的嘴裡就開始分泌出一種液體，讓花蜜轉化成蔗糖。

在蜜蜂的胃裡，有一個蜜囊，花蜜就存放在那裡面，然後蜜蜂就不停地吐出花蜜，再吞進肚子裡，通過這個過程來蒸發掉花蜜的水分，要吐一百～兩百次，花蜜才能變成蜂蜜呢！

而且，小蜜蜂要在花朵與蜂巢之間來回飛行一百多次，才能釀出一點蜜，真的很不容易。

牠怎樣指路？

在採蜜之前，蜂王會派出一隻蜜蜂哨兵去收集情報，看看哪裡可以採花，當哨兵發現了花叢時，就非常高興，趕緊回來通報。

可是蜜蜂不會說話呀！這怎麼辦呢？

沒關係，牠可以跳舞來彙報情況。

當蜜源離蜂巢在一百公尺以內時，蜜蜂會跳「鐮刀舞」，也就是牠們的跳舞姿勢很像一把彎彎的鐮刀；當超過一百公尺時，牠們就跳起了擺尾舞，舞姿像一個八字，而且每超過五百公尺，舞蹈時間就會延長一秒，牠們一邊跳，一邊用尾巴指向蜜源，而其他工蜂則用頭上的觸角去觸碰哨兵的身體，這樣就能獲得資訊了。

12 蝴蝶——女神總是最後一個到場

當蜜蜂出現後，有一些花朵仍舊不開心，因為牠們的身體太細長了，蜜蜂鑽不進去啊！

好在隨著一位美麗的村姑——蝴蝶的來到，花兒們的煩惱消失得無影無蹤，牠們可高興了，紛紛喊蝴蝶為「女神」，每天都在誇讚牠。

蝴蝶是挺漂亮的，我也這麼覺得，牠是自然界中最後一位登場的昆蟲。可後來人類來了，他們開始捕捉蝴蝶，然後製造成標本，眼看著勤勞的女神蒙受這樣的苦難，可真讓我痛心啊！

牠有多美？

不是我吹牛，蝴蝶是這個世界上最美的動物之一，牠有著昆蟲的典型特徵，但不同的是，牠那兩對翅膀卻是其他昆蟲所沒有的。

牠那翅膀展開時，最寬可達二十六公分，最窄卻只有一．五公分，但無論翅膀大小如何，翅膀上的美麗花紋卻總是能令人驚歎。

住在熱帶雨林中的藍色大閃蝶，全身閃著淡藍色的螢光，是世界上最美麗的蝴蝶，其實那些藍光是由牠翅膀上的鱗片散發出來的。

那些鱗片的作用可大了！當遇到敵人時，鱗片組成的圖案能嚇退敵方；當下雨時，鱗片又變成了一件雨衣，保護蝴蝶不被打濕，所以雨天蝴蝶也能飛行。

牠怎樣長大？

蝴蝶與螞蟻、蒼蠅一樣，在成熟之前需要經歷四個步驟。

第一步，就是變成卵，被媽媽生下來。蝴蝶媽媽會把自己的孩子放在植物的葉子上，這樣寶寶們就不用擔心沒有吃的了。

第二步，是變成幼蟲，也就是醜陋的毛毛蟲。這時期的蝴蝶除了長得不好看外，還會危害農作物的生長，牠需要蛻幾次皮才能長大。

第三步，就是變成蛹，毛毛蟲吐出絲，把自己固定在葉子的背面，然後休息一段時間，等待美麗的蛻變。

第四步，就是變成真正的蝴蝶啦！不過，剛長大的蝴蝶翅膀還沒變乾變硬，不能起飛，很容易被敵人吃掉哦，牠只能焦急地等待翅膀完全展開了，才能獲得安全。

牠喜歡吃什麼？

蝴蝶的嘴巴屬於一種叫做虹吸式的口器，就像一個長長的吸管，可以用來吸食花蜜。大部分蝴蝶都以花蜜為食，但牠們很挑剔，一類品種的蝴蝶只偏愛特定植物的花蜜。

還有一些蝴蝶喜歡喝果汁，比如芒果汁、奇異果汁等。

另外，有一小部分蝴蝶口味非常特別，牠們愛吃葡萄的果肉，所以就會跑到葡萄園裡去搜尋食物，讓人類非常生氣。

所有的蝴蝶都愛喝水，尤其是稍微鹹一點的水，所以牠們愛往小溪邊聚集，當牠們集體飲水時，那場面非常壯觀呢！

牠與蛾有何不同？

蝴蝶和蛾子長得很像，但還是有很大區別。

蝴蝶的觸角像兩根火柴棒，身體上沒有多少體毛，而且只在白天活動，當牠休息時，會將翅膀豎立在背上，牠的翅膀很鮮豔，也有很多圖案。

蛾子則觸角大多像羽毛，身上的毛很濃密，還不分白天黑夜地飛，當牠靜下來時，翅膀是平鋪在背上的。牠的翅膀大多是棕色或黑色，只有極少數擁有鮮豔的顏色，根本不能與蝴蝶比美。

牠的翅膀有什麼用？

蝴蝶因為擁有美麗的翅膀而為自己帶來了危險，但其實牠們的翅膀有很大的用處呢！

首先，牠的翅膀可以傳遞有毒的信號，比如拉丁美洲的郵差蝴蝶，牠的翅膀是亮紅色的，彷彿在說：「我有毒哦！別來吃我！」其實牠是無毒的。

其次，牠的翅膀可以偽裝，如印度的枯葉蝶，當牠落入一堆枯葉中時，彷彿也變成了一片落葉，很難被人發現；而貓頭鷹蝶的翅膀則像一隻大大的貓頭鷹的臉，可以用來嚇唬敵人。

還有一種透翅蝶，牠也生活在拉丁美洲，牠的翅膀是透明的，就如同穿了一件隱身衣一樣，無論怎麼活動，都不會被發現啦！

13

星甲魚——沒有下巴可怎麼辦啊？

在五億年前，地球上第一次出現了大量的生命，我們無脊椎動物的時代開始了。但這個時候，有一個脊椎動物也出現了，那就是星甲魚。

星甲魚是動物王國裡的第一個脊椎動物，也是所有脊椎動物的祖先，不過這個老祖宗可真是夠悲慘的，因為牠沒有下巴，這一下，吃東西都沒法吃了，可怎麼辦啊？

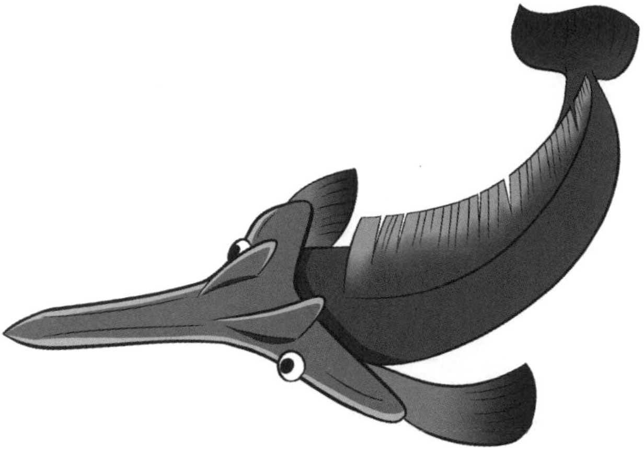

牠長什麼模樣？

星甲魚的形狀像一塊魚餅乾，一片魚鰭都沒有，頭大身子大尾巴小，所以牠游得很慢。

牠的嘴像一個漏斗，位於身體的前端，因為沒有上頜和下頜，所以不能動，只能吮吸，唉，好可憐啊！

牠的唯一優勢是身體的外面披了一層硬硬的盔甲，所以鸚鵡螺、海蠍子要吃牠之前，會先考慮一下能否咬得動牠，這讓牠好歹不再那麼擔驚受怕了。

牠怎樣吃飯？

既然星甲魚動不了嘴，那牠豈不是要餓肚子了？

為了讓脊椎動物家族發展壯大，星甲魚拼盡全力要讓自己活下去，牠艱難地游到海水流動的地方，然後讓水流灌入自己的嘴裡，這樣牠就能吃到水裡的微生物和浮游生物了。

可是這種吃法實在太費勁了，有時星甲魚會發現一些動物的屍體，牠可高興了，趕緊用鋸齒形的牙齒去銼死屍的肉，就如同用一把刷子把肉刷下來一樣。可是這樣吃飯也很辛苦。

牠有哪些憂傷？

要不是因為這張不能動的嘴，星甲魚可以在海洋中輕鬆很多，可惜老天沒把牠造好，結果沒有下巴就成了星甲魚難言的痛。

除此以外，星甲魚還有別的傷心事。牠的身體太僵硬了，身上的盔甲壓得牠喘不過氣來，別說游泳了，就連想散個步都很困難，牠每天都在思考該不該脫掉盔甲。可是沒有了盔甲的保護，牠又會被吃掉，唉，真為難啊！

牠的繁殖能力也很差，所以數量不是很多，根本不能和其他種族進行對抗。

牠的後代過得好嗎？

星甲魚的後代是各種各樣的魚類，那些後代進化出了下巴、長出了魚鰭，還把盔甲扔掉了，因此能游得更快，所以各個都比星甲魚過得好。

到了三億五千年前，星甲魚生兒育女的任務完成了，就被大自然無情地拋棄了，從此消失在海裡。

至於星甲魚的直系後代，如今在地球上存活的只有七鰓鰻和盲鰻了，這兩種動物也都沒有下巴。所以牠們喜歡鑽到動物的身體裡啃肉吸血，是動物界可怕的吸血鬼，星甲魚要是知道自己的子孫變成這樣，一定會氣得吐血的。

最後要說一句，如果有誰看不出下巴，大家可千萬不要嘲笑牠，沒準牠就是活化石哦！

14 渡渡鳥——被人類毀掉的「蠢貨」

我知道很多人都有偏見，總認為胖子是個笨蛋，就比如一種已經滅絕的動物——渡渡鳥，牠就總被人說成是蠢貨。

其實啊，渡渡鳥並不蠢，就算牠長得胖，但那也有錯嗎？牠為模里西斯的一種珍貴樹木——大顱欖樹提供了生存的機會，應該是自然界的勞動模範啊！可恨的是，人類四處捕殺渡渡鳥，一邊讚歎渡渡鳥的肉鮮美可口，一邊還要嘲笑渡渡鳥笨到不會躲避追捕，真是令我氣憤！

牠長什麼樣？

如今渡渡鳥已經滅絕，我們只能從人類畫家的筆下才能知道牠的樣子。

牠確實很大，比火烈鳥都大，牠的黑色嘴巴就有二十三公分，前端還帶著彎鉤，看起來兇猛，其實不具有攻擊性。

牠的翅膀很短，所以不會飛，但雙腿粗壯，肚子也很大，體重能達到二十三公斤，在牠的屁股上長著一簇捲起來的羽毛，像個小尾巴似的。總的來看，渡渡鳥外形憨厚可愛，就跟牠性格一樣，難怪總是被人類欺負。

牠住在哪裡？

渡渡鳥一直住在印度洋的模里西斯島上，牠本來叫愚鳩，因為嘴裡總是發出「渡渡」的聲音，就被稱為渡渡鳥了。

在十六世紀前，模里西斯有著豐富的食物，那裡成了渡渡鳥歡樂的天堂。可惜，後來葡萄牙人和荷蘭人來到島上，展開了對渡渡鳥瘋狂的捕殺，再加上外來動物對渡渡鳥的捕食，終於使渡渡鳥在一六九〇年左右消失不見了。

牠真的很胖嗎？

其實渡渡鳥並不總是那麼胖，只是由於模里西斯的氣候一半乾燥一半濕潤，牠為了度過乾旱季節，學會了儲存食物。

當牠被人類捉住並飼養時，牠獲得了大量的食物。這時，渡渡鳥沒有意識到危險，反而還在盤算該怎麼多吃點，好度過旱季呢！

於是牠越長越胖，最終成了人類的美食，真是可憐。

牠真的很笨嗎？

渡渡鳥只是看起來呆頭呆腦，牠對自然界的貢獻可是很大的哦！

當渡渡鳥滅絕後，人類發現模里西斯的大顱欖樹的種子再也不發芽了，而且這種珍貴的樹越來越少，如今只剩幾十棵了。

人類這才驚慌起來，急忙去尋找原因，最後發現，大顱欖樹之所以能繁殖，全是渡渡鳥的功勞。

原來，大顱欖樹的種子被一層堅硬的外殼包裹著，根本不能發芽，幸好渡渡鳥很喜歡吃大顱欖樹的果子，牠消化掉了種子的硬殼，並將種子排出體外，這樣大顱欖樹才能長出幼苗。

所以，沒有了渡渡鳥，大自然就會遭到破壞，我們的動物世界也會受到影響，這是多麼慘痛的教訓啊！

15

北極燕鷗——最不辭辛苦的楷模

平民很苦，牠們吃的不好，住的也不好，每天還要努力幹活，把自己累得半死，真是很讓我們同情。

今天我就來說說我們王國中最勤勞的動物，牠就是北極燕鷗。牠每年都要從地球的最北端飛到最南端，一年要飛四萬多公里，是其他動物不能比的哦！

要知道，從北極飛到南極，要花費大量的力氣，一路上還會遇到特別多的危險，北極燕鷗卻能堅持下來，真是很棒！

牠很強壯嗎？

一年要飛那麼遠，北極燕鷗一定很強壯吧？

事實讓大家都很吃驚，北極燕鷗的個頭在鳥類中只能算中等水準，同樣作為海鳥的牠，體型都沒有海鷗大。

牠有三十三～三十九公分長，長著灰色與白色的羽毛，嘴巴和兩隻腳是紅色的，頭頂與脖子的背面呈黑色，灰色的翅膀邊緣也是黑色，就是這麼一隻看起來毫不起眼的候鳥，居然每年都在環遊世界，太了不起了！

牠為什麼要遷徙？

一開始，北極燕鷗覺得自己不夠強壯，與其他鳥兒爭奪食物肯定要吃虧，於是牠就搬到了遙遠的北極生活。

牠的羽毛非常保暖，能幫助牠抵禦極地的嚴寒，於是每年的夏天，牠就和同伴們在北極生兒育女，過著快樂的生活。

可是當冬天快到來時，北極的海面開始結冰，北極燕鷗快沒有吃的了，為了度過寒冷的冬天，牠們成群結隊地飛向南極，並在來年的三月，換上嶄新的羽毛大衣，再度飛向北極，所以不是牠願意這麼飛的，而是為了填飽肚子啊！

牠愛吃什麼？

北極燕鷗住在沼澤、海岸地帶，所以牠的食物以魚、貝類和螃蟹、磷蝦為主，不過牠最愛吃的還是魚，如鯡魚、玉筋魚和胡瓜魚等。

有時牠會換換口味，嘗一嘗漿果，在北方的時候，牠還會捉一些昆蟲來吃。在持續數個月的飛行過程中，牠要耗費極大的體力，經常會餓得頭暈眼花，所以能多吃一點是一點，就不怎麼挑食了。

牠的脾氣如何？

北極燕鷗這麼吃苦耐勞，一定性格很溫順吧？

錯了，由於常年要辛苦地飛行，牠非常疲勞，脾氣就變得很暴躁，喜歡跟同伴吵架，甚至會動起手來。

可是，北極燕鷗又是一種非常團結的鳥，一旦發現外敵，牠們能立刻成千上萬只地聚集在一起，組成一支強大的軍隊，讓喜歡偷吃鳥蛋和幼鳥的狐狸不敢放肆。有時，連北極的霸主——北極熊也要讓牠們三分呢！

牠能活多久？

每年要飛那麼遠，就算是再健康的人，也會累出病來，北極燕鷗能活多久呢？不要吃驚哦，北極燕鷗至少能活二十年，而牠們中的長壽者能活三十三年以上呢！

因為在地球兩極，夏天的太陽是永遠不落的，所以北極燕鷗是一群永遠生活在光明之中的鳥兒，牠們對光明的追求值得我們學習，願大家也勤奮起來，就像北極燕鷗一樣！

16

水滴魚——世界上最醜陋的魚

要問這世界上最醜陋的動物是誰，除了水滴魚，恐怕再沒有動物能勝任這一稱號了。

水滴魚確實是我見過的最醜的魚，有一次我正想打瞌睡，忽然看到一個大大的軟綿綿的腦袋從我眼前晃過，頓時被嚇了一跳，再也睡不著了。因為，這隻魚長得實在是太醜了！

我覺得平民就是這樣倒楣，因為生得不好看，所以就算幹活累得半死，也得不到大家的認可，水滴魚的心裡一定很難受吧？

牠有多醜？

水滴魚的身體像一坨巨大的鼻涕，看起來軟軟的，有點噁心。

牠有三十多公分長，沒有骨頭和魚鰾，宛如一隻巨大的蝌蚪，這「蝌蚪」長了一雙小小的，如黑豆一樣的眼睛，在牠的眼睛下方，有一隻超級大的鼻子，鼻子下邊則是一張長長的、噘起來的嘴，看上去非常悲傷，因此牠又被稱為「憂傷魚」、「全世界表情最憂傷的魚」。

二〇一三年九月十三日，英國還舉辦了一次評選最醜動物的比賽，結果水滴魚獲得了大家的一致認可，成為最醜的動物。不過牠也因禍得福，成為人類想要保護的動物，所以牠的命比渡渡鳥要強多了。

牠怎樣游泳？

一般魚都有魚鰾，可以控制自身的上浮與下潛，可是水滴魚沒有魚鰾，另外，水滴魚也缺乏游泳所需要的健壯的肌肉。

那麼，牠該怎麼從海底浮到水面上來呢？

不用擔心，牠的身體由一種果凍似的物質組成，這種物質的重量比水還要輕，所以牠不用花費太多力氣，也不需要借助魚膘，就能輕鬆地往上游了。

牠怎樣養育後代？

水滴魚養育寶寶的方式和其他魚類不太一樣。

其他魚都是產完魚卵後就不管了，可水滴魚媽媽即使產下卵，也捨不得丟下孩子，牠會一直趴在卵上，直到小水滴魚被孵出來為止。所以水滴魚媽媽是一位非常負責任的母親哦！

牠住在哪裡？

水滴魚只在澳大利亞和塔斯馬尼亞沿岸居住，牠生活在六百～一千兩百公尺的海底，那裡海水的壓力比海面高了數十倍，所以牠很難被人類發現。

可是，在牠的家附近，住著人類特別喜歡的一群動物——螃蟹和龍蝦，結果人類的漁船撒出了大網，將深海裡的很多動物撈上水面，其中就包括了水滴魚。說來也奇怪，水滴魚很容易被漁網撈起來，我也不明白是為什麼。

牠最怕什麼？

在海裡，水滴魚會遇到很多敵人，但牠最害怕的，卻是人類的漁網。

人類不喜歡吃水滴魚，加上他們嫌水滴魚長得難看，往往在捕到水滴魚後就會把牠放回大海。

但是，水滴魚習慣在水壓高的地方生活，一旦來到海面，壓力的減小會讓牠們的身體承受巨大的災難，就算回到海底，牠們也活不久了。

所以，水滴魚的數量正日漸減少，甚至有滅絕的危險。水滴魚為此特別擔心，整天發愁，一張苦瓜臉顯得更加悲傷了。

18

鰻鱺——最命苦的魚爸魚媽

當父母的不容易啊，動物父母們為了養育寶寶，要付出很多汗水，有的甚至要付出生命的代價呢！

鰻鱺，應該算是最命苦的爸媽了，為了生育後代，不僅要游行數千公里回到大海，而且沿途還會遭到人類的捕撈，一路真是驚心動魄啊！

更悲慘的是，一產完卵，鰻鱺就會馬上死亡。唉，我每次想到鰻鱺都忍不住要掉眼淚，牠們真是太命苦了！

牠長什麼樣？

鰻鱺其實是一種非常古老的動物，已經在地球上存活了幾千萬年。

牠的頭和尾巴有點尖，身子圓滾滾的，說明牠很貪吃。我曾經勸牠少吃一點，牠不聽，結果牠成了人類的美餐，後悔也來不及了。

鰻鱺長得像一隻胖胖的蛇，最大能有四十五公分長、一．六公斤重，不過牠不是蛇。牠還有一項神奇的功能，那就是「變色」。

牠為什麼會變色？

鰻鱺在成長過程中，身體的顏色會發生不同的變化。

當牠還是個孩子時，牠才六公分長、〇・一公克重，身體薄得像片葉子，而且很透明，所以被稱為玻璃魚。

當牠從大海來到河流中，並一路向著上游進發時，身體變成了黃色，這時，牠已經開始長大了。

等秋天快來到時，牠要返回海裡產卵了，這時，牠的身體又變成了銀色，這也是一種保護色，讓牠們不容易被人類發現。

牠愛吃什麼？

鰻鱺愛吃小魚小蝦小蟹，也吃甲殼動物和水中的昆蟲，當食物不夠的時候，牠也會去吃一些植物來充饑。

當氣溫在十五℃到三十℃之間時，鰻鱺最貪吃，所以春天和夏天牠的胃口一直很好。到了冬天，因為太冷了，食物也很少，牠乾脆就鑽到泥裡，開始冬眠。

鰻鱺忍受饑餓的能力超級強，只要皮膚保持濕潤，牠就算一年不吃飯，也不會餓死。

牠有什麼習慣？

鰻鱺在大海中出生，在江河中長大，當春天一到，大批的鰻鱺寶寶就聚在入海口，要往江河裡游。

牠很怕光，喜歡在晚上活動，還愛鑽到泥潭裡，我真懷疑牠是不是做了什麼虧心事。

每年的秋天，雌性鰻鱺會從河流上游游到入海口與雄鰻會合，然後牠們一起去北緯三十℃以南、水溫十六~十七℃、水深四百~五百公尺的海底生寶寶，一隻雌鰻一次能產下七百~一千萬粒卵呢！只要過十天，鰻鱺寶寶就能從卵中孵化了。

不過，人類是不會讓牠去產卵的，因為牠一產卵就會死亡，所以當鰻鱺往海裡游的時候，會遭遇到漁民的大捕殺，太可憐啦！

牠怎麼躲避危險？

為了逃過人類的追捕，順利生下小寶寶，鰻鱺可是想盡了辦法。牠拚命練習游泳，逃跑的速度非常快，而且牠的身體滑滑的，很難抓得住。除此之外，牠的血液還含有毒素，如果人類的皮膚有傷，且不小心碰到鰻鱺的血，傷口就會發炎化膿，也算是鰻鱺對貪婪的人類的一個警告吧！

嘿嘿，故事講到這邊，我口也有點渴啦！

咳咳，先讓我喝杯水，喘口氣……

話說，小朋友們，看完了這麼多的故事，大家有沒有對動物王國更了解一些了呢？

嘿嘿，海參爺爺知道的，也這麼多啦！

如果還想要聽更多有趣的動物故事

下次到動物園的時候，別忘了去拜訪這些威武的國王、英勇的貴族、睿智的官員、或是善良的平民唷！

小朋友們，我們下次再見囉！

國家圖書館出版品預行編目 (CIP) 資料

動物史記：聽海參爺爺說故事 / 陸含英著 . -- 第一版 .
-- 臺北市：樂果文化出版：紅螞蟻圖書發行，2017.09
面； 公分 . --（樂親子；9）
ISBN 978-986-95136-5-4(平裝)

1. 動物 2. 通俗作品

380 106013669

樂親子 9

動物史記

作　　者 ／ 陸含英
責任編輯 ／ 韓顯赫
行銷企劃 ／ 黃文秀
封面設計 ／ 張一心
內頁插圖 ／ 張銘芸
美術構成 ／ 上承文化

出　　版 ／ 樂果文化事業有限公司
讀者服務專線 ／（02）2795-3656
劃撥帳號 ／ 50118837 號　樂果文化事業有限公司
印 刷 廠 ／ 卡樂彩色製版印刷有限公司
總 經 銷 ／ 紅螞蟻圖書有限公司
地　　址 ／ 台北市內湖區舊宗路二段 121 巷 19 號（紅螞蟻資訊大樓）
電話：（02）2795-3656
傳真：（02）2795-4100

2017 年 9 月第一版　定價／ 360 元　ISBN 978-986-95136-5-4